JN006277

Python

黒住敬之 著　コードレシピ集

技術評論社

はじめに

　近年Pythonの人気が高まっており、Pythonエンジニアとしては嬉しい限りです。業務バッチやWebシステム、データ分析をはじめとした科学技術計算からAIまで、様々な分野で活躍する言語である一方、シンプルにコードが書けて学びやすい言語でもあるため、開発者のみならずプログラミング初心者のユーザも増えてきました。特に、さまざまな記法や機能、豊富なライブラリのおかげで、難しい処理が簡単に素早く実装できる、という点が大きなメリットといえそうです。この一方で、「色々ありすぎて何から手をつけていいのかがわからない」という方も多いのではないでしょうか?

　本書は入門者が「こういう処理をしたいがどう書けばいいのか?」「Pythonでどんなことができるのか?」「どんなライブラリを使えばいいのか?」といった疑問に対して、素早く調べられ理解できる本を目指して書きました。全体として以下の通り前半の入門的な内容と後半の応用的な内容に分かれています。

入門 (1章〜8章)

　変数、制御文、関数、クラスといった入門レベルの文法に加え、ログやテスト、設定ファイルといった実際の開発で必要となる基本的な事項について解説しています。Pythonを使ったことがない方でもスムーズに読み進められるよう、豊富なサンプルコードに加え、基本的な用語についても解説をしています。

応用 (9章〜24章)

　Pythonが得意とする数値・テキスト・各種形式のデータ処理、HTTPリクエスト、データベース処理、データ分析や自動化といった実務的な処理方法を、それぞれに適したライブラリの紹介とその使い方を交えて解説しています。

　なお、本書の内容は、お使いの環境でPython 3.6以降がインストールされ、pythonコマンドおよびpipコマンドが使用できることを前提としています。

　本書は基本的な構文や開発の基礎から各種データ処理、通信、分析、自動化といった応用的な内容まで詳しく解説しています。Pythonの学習から実務まで幅広く活用できる構成となっておりますので、ぜひお役に立てていただきたいと思います。

2020年12月　黒住敬之

本書の読み方

① 項目名

Pythonを使って実現したいテクニックを示しています。

② Syntax

目的のテクニックを実現するために必要なPythonの機能や構文です。

③ 本文

目的のテクニックを実現するために、どの機能をどのような考えで使用するかなど、方針や具体的な手順を解説しています。

④ Pythonコード

目的のテクニックを構成するPythonコードを示しています。本来1行で表示されるはずのコードが紙面の都合で折り返されている場合は、行末に⮒マークを入れています。

---

089 ① プライベートな変数やメソッドを定義したい

> **Syntax**
> ② ・プライベートなインスタンス変数
> ```
> def __init__(self, 引数1, 引数2, , ,)
>     self.__変数名 = 初期値
> ```
> ・プライベートなメソッド
> ```
> def __メソッド名(self, 引数1, 引数2, , ,):
>     処理
> ```

― 変数やメソッドの隠蔽

③ チーム開発でオブジェクト指向で実装するときなど、変数・メソッドを外部から触らせないようにしたい場合があります。Pythonでは、変数やメソッドの頭にアンダーバーを2つつけることにより、外部からのアクセスを抑制することができます。以下のコードでは、Sampleクラスのプライベートなメンバとして、__instance_val1という変数と__private_methodというメソッドを定義しています。

④
```
class Sample():
    def __init__(self, val1):
        self.__instance_val1 = val1

    def __private_method(self):
        print(self.__instance_val1)
```

このクラスを生成して__instance_valにアクセスしてみます。

■ recipe_089_01.py

```
s = Sample(10)
print(s.__instance_val1)
```

▼ 実行結果

```
AttributeError: 'Sample' object has no attribute '__instance_val1'
```

同様に、インスタンスを生成して変数にアクセスするとAttributeErrorが発生します。以下のように、メソッドを呼び出しても同様にAttributeErrorが発生します。

■ recipe_089_02.py ❺

```
s = Sample(10)
s.__private_method()
```

▼ 実行結果

```
AttributeError: 'Sample' object has no attribute '__private_method'
```

❻

❼

マングリング

Column

実はPythonでは完全に変数やメソッドを隠蔽する方法は存在しません。以下の方法よりアクセスできてしまいます。

```
s = Sample(10)
print(s._Sample__instance_val1)
```

厳密にはマングリングと呼ばれるサポート機構であり、他の言語のprivate変数とは仕組みが異なります。以下の公式ドキュメントも併せて参照してください。

● マングリング

https://docs.python.org/ja/3/tutorial/classes.html#private-variables

Chap.5 クラスとオブジェクト

❺ **ファイル名**

サンプルファイルとして提供しているコードのファイル名を示しています。

❻ **実行結果**

Pythonコードを実行したときの実行結果を示しています。

❼ **コラム**

テクニックに関連する補足情報です。

サンプルファイルについて

本書掲載の多くのテクニックは、サンプルファイルを用意しています。
以下の技術評論社Webサイトからダウンロード方法を確認してください。

URL https://gihyo.jp/book/2021/978-4-297-11861-7/support

▬ 本書について

本書は「Pythonでこういった処理をしたいんだけど、どう書くんだろうか?」といった疑問に対してすばやく調べられる本を目指して書きました。全体として前後で以下のように内容がわかれています。

▶ 入門編（1章～8章）

入門レベルの文法を中心に解説しています。

▶ 応用編（9章～24章）

Pythonが得意とする数値、テキスト、各種形式のデータ処理に加え、画像処理、HTTP、リレーショナルデータベース、データ分析や自動化について、実務でよく使用される著名なライブラリの基本的な使い方と併せて解説しています。

▬ 本書を読む上での前提

お使いの環境でPython 3.6以降がインストールされており、pythonコマンドおよびpipコマンドが使用できることを前提としています。本書のソースコードでは以下の処理系で動作の確認をしています。

・Python 3.7.4
・OS：Ubuntu 18.04、Windows 10、macOS 10.15（Catalina）
※ファイルパスがかかわるものはWindowsのみ

本書では、プロンプトのマークやファイルパスについては、断りがない限りはWindowsをベースに記述しています。Unix系環境では、エスケープや正規表現で使用しているコード中の¥は\に置き換えてください（Macでは option ＋ ¥ キーで入力）。
なお、予約語のような新しい情報が望ましいものについては、執筆時点での最新バージョン3.8を例として使用しています。その他ライブラリのバージョンについては巻末のライブラリ一覧を参照してください。また、巻末に執筆の際に参考にした文献の一覧を掲載していますので、より深く知りたい場合は併せて参考にしてください。

▬ 本書の構成

基本的には1項目ずつ独立した内容となっており、どこからでも読めるようになっています。基本的には冒頭に構文、本文に解説並びにサンプルコードを配置した構成となっています。構文表記については一般的なコマンド構文には準拠せず、多少の厳密性を犠牲にしつつも、初心者にもわかりやすいように日本語を交えて平易に書くように工夫しました。

CONTENTS

Chapter 5 クラスとオブジェクト 159

Chapter 6 例外 179

Chapter **10**　数値処理　　　　　247

Chapter **11**　テキスト処理　　　　　271

Chapter 12 リスト・辞書の操作 311

Chapter 13 日付と時間 335

Chapter 14 さまざまなデータ形式 351

^{Chapter} **15** リレーショナルデータベース　　　**379**

^{Chapter} **16** HTTPリクエスト　　　**395**

Chapter 21　NumPy　443

258	NumPyを使いたい	444
259	ndarrayを使いたい	445
260	ndarrayの各要素に対して関数の計算をしたい	449
261	ベクトルの演算をしたい	451
262	行列を扱いたい	454
263	代表的な行列を使いたい	456
264	行列の演算をしたい	458
265	行列の基本計算をしたい	460
266	行列をQR分解したい	462
267	行列の固有値を求めたい	463
268	連立一次方程式の解を求めたい	464
269	乱数を生成したい	466

Chapter 22　pandas　467

270	pandasを使いたい	468
271	Seriesを生成したい	470
272	Seriesのデータにアクセスしたい	472
273	DataFrameを生成したい	473
274	pandasでCSVファイルに対して入出力したい	475
275	pandasでデータベースに対して読み書きしたい	477
276	pandasでクリップボードのデータを読み込みたい	480
277	DataFrameから基本統計量を求めたい	482
278	DataFrameの列データを取得したい	484

Chapter 23 Matplotlib 503

Chapter 24 デスクトップ操作の自動化 523

Pythonの基本

Chapter

1

001 Pythonスクリプトを実行したい

Syntax

```
python スクリプト名.py
```

Pythonスクリプトの実行

拡張子.pyでPythonのコードが記述されたテキストファイルのことを、Pythonスクリプトと呼びます。文字コードはUTF-8を使用することが推奨されています。pythonコマンドで引数にPythonスクリプトを指定すると、そのスクリプトを実行することができます。

例えば、sample.pyというファイル名で以下の内容が記述されたPythonスクリプトがあった場合、

```python
print("Hello, World!")
```

以下のコマンドでこのスクリプトが実行されます。

```
python sample.py
```

▼ 実行結果

```
Hello, World!
```

002 Pythonを対話形式で実行したい

Syntax

● 対話形式の開始

```
python
```

● 対話形式での操作

入力補完	Tab キーを入力
対話形式の終了	quit()

▬ 対話形式での実行

Pythonはテキストファイルで作成したスクリプトを実行する以外に、対話形式で実行することも可能です。簡単な処理だと、スクリプトを書かなくても対話形式で実行できるのがPythonの魅力の1つです。コマンドライン上で引数なしでpythonコマンドを実行すると、対話形式が開始されます。

```
>python
Python 3.8.6 (tags/v3.8.6:db45529, Sep 23 2020, 15:52:53) [MSC
v.1927 64 bit (AMD64)] on win32
Type "help", "copyright", "credits" or "license" for more
information.
>>>
```

">>>"の後ろに適当なPythonのコードを記述し実行することが可能です。下のプログラムをペーストすると、1〜10までの和が表示されます。

```
l = list(range(1, 11))
sum(l)
```

▼ 実行結果

```
55
```

## 002

■ 入力補完

　対話モードの便利な点として、コード補完の機能が挙げられます。試しにpriまで入力して Tab キーを押下してみてください。"print("まで入力が補完されたかと思います。組み込み関数や自分で定義した識別子が補完されます。

■ 対話形式の終了

　quit()と入力すると対話形式を終了することができます。

003 Pythonコードの構造について知りたい

━ Pythonコードの構造

　Pythonは他のプログラム言語と比較していくつか特徴的な点があります。以下は実行可能な簡単なPythonスクリプトですが、これをもとに特徴について説明します。

■ recipe_003_01.py

```python
def main():
    """
    ダブルクォート3つでdocstringとなります
    ここに関数の説明を記述します
    """

    # 通常のコメントは#を使います
    # 通常の文と同様にインデントを合わせる必要があります
    print("hello world!")

    # if文ではインデントします
    x = 100
    if x > 100:
        print("xは100より大きいです。")

    # ループでもインデントします
    num_list = [0, 1, 3]
    for num in num_list:
        # ブロック内部ではコメントもインデントします
        print(num)

        # 入れ子の場合はその分インデントを追加します
        if num > 1:
            print("numは1より大きいです。")

    # passは、何もしない文です
    pass

    # インデント内部に処理がない場合はpassを記述します
    if x < 100:
```

```
    pass

    # 長い文は¥で改行することができます
    y = 1 + 2 + 3 + 4 + 5 ¥
        + 6 + 7 + 8 + 9 + 10

if __name__ == "__main__":
    main() # main関数の呼び出し
```

Pythonコードは以下のような特徴があります。

インデント

Pythonコード最大の特徴といえるのがインデントでしょう。分岐、ループといった制御文、関数やクラスなどのコード上の論理的なブロックはPythonでは:(コロン)以降の行にインデントをつけて表現します。インデントは半角スペース4つが推奨されています。またブロックが入れ子になる場合はインデントもその分追加します。

pass

処理を記述したくない場合は明示的にpassを記述する必要があります。インデント内部が空白のみの場合はSyntaxErrorが発生します。

コメント

コメントは#を使用します。#より右側の記述は処理されません。ただし、コメントにもインデントを適用する必要があります。

docstring

関数やクラスの説明を記述するdocstringはシングルクォート3つもしくはダブルクォート3つで囲みます。なお、このdocstringは変数に代入して文字列として扱うことも可能です。

■ コード文中での改行

1つの文が長くなる場合、¥マークをつけることで文中で改行することができます。ただし関数の引数、タプル、リスト、辞書等の()、[]、{}に囲まれている箇所は識別子や数値、文字列の途中でなければ¥マー

クなしで改行することができます。

if __name__ == "__main__":

　Pythonコマンドで実行した場合のみ処理を行いたい場合、スクリプトにこのような記述をいれます。「109　スクリプトとして直接実行したときのみ処理を行いたい」で詳しく説明しますが、学習しはじめの頃は「起動するスクリプトはこういう書き方をするものだ」と考えていて差し支えありません。

004 print関数を使いたい

Syntax

関数	処理
print("文字列")	指定した文字列を標準出力する
print(変数)	指定した変数の文字列表現を標準出力する

▬ print関数

print関数は引数で指定した文字列を標準出力に出力します。文字列以外に任意の型の変数を出力することも可能で、その場合は変数の情報を出力します（変数については次章を参照してください）。また、カンマ区切りで複数列挙することも可能です。以下のコードでは、単一の文字列や複数の変数の内容を出力しています。

■ recipe_004_01.py

```python
# 文字列の出力
print("abcdef")

# 変数を複数出力
text = "abc"
num = 100
l = [1, 2, 3]
print(text, num, l)
```

▼ 実行結果

```
abcdef
abc 100 [1, 2, 3]
```

005 print関数の出力をカスタマイズしたい

Syntax

オプション	指定項目
sep	区切り文字
end	終端文字

■ 区切り文字の変更

print関数で複数の変数を列挙して出力すると、デフォルトではスペース区切りとなりますが、引数のsepで任意の区切り文字を指定することが可能です。以下のコードでは、区切り文字をカンマに変更して出力しています。

■ recipe_005_01.py

```python
x = 100
y = 200
z = 300
print(x, y, z, sep=',')
```

▼ 実行結果

```
100,200,300
```

■ 終端の変更

print関数で出力するとデフォルトでは終端に改行が入りますが、改行させたくない場合等は引数でendを指定すると、終端を変更することができます。以下のコードでは、終端の改行を変更することで、最初の2回のprint関数を改行なしで出力しています。

■ recipe_005_02.py

```python
print("===", end="")
print(" 処理 ", end="")
print("===")
```

▼ 実行結果

```
=== 処理 ===
```

006 モジュールをimportしたい

構文	意味
import モジュール as 別名	モジュールをimportする
from モジュール import インポート対象 as 別名	モジュールの中で特定の属性のみimportする

― モジュールとパッケージ

Pythonスクリプトはモジュール、つまり部品として別のスクリプトから特定の機能を呼び出し利用することができます。モジュールをひとまとめにしたものをパッケージと呼びます。これらのモジュールやパッケージをライブラリと呼ぶことがあります。

Pythonにはあらかじめ用意されているパッケージやモジュールがあり、これらを標準ライブラリと呼びます。一方、第三者が作成したものはサードパーティ製ライブラリと呼ばれpipコマンド等でインストールする必要があります。また、独自に自分で作成したスクリプトからモジュールやパッケージを作成することもできます。

― import文

モジュールやパッケージはimport文を使用して利用することができます。importしたモジュール内部の属性にアクセスしたい場合は.(ドット)で指定します。例えば、標準ライブラリのmathモジュールの円周率piを使用する場合、以下のようにimportして使用します。

■ recipe_006_01.py

```
import math
print(math.pi)
```

▼ 実行結果

```
3.14159265358……
```

― fromで必要な部分だけインポート

また、fromを使用すると必要なものだけインポートすることができます。次のページのコードは先ほどのコードと同様の処理なのですが、円周率piのみimportして使用しています。

■ recipe_006_02.py

```
from math import pi
print(pi)
```

━ asによる別名

importしたモジュールが長い場合や他の変数と名前が衝突する場合などのために、import時にasで別名をつけることができます。以下のコードはmathモジュールに対し、asでmという短い名前をつけています。

■ recipe_006_03.py

```
import math as m
print(m.pi)
```

007 pipで外部ライブラリを インストールしたい

Syntax

コマンド	意味
`pip install ライブラリ名`	指定したライブラリをインストール
`pip uninstall ライブラリ名`	指定したライブラリをアンインストール
`pip install -U ライブラリ名`	指定したライブラリをアップデート
`pip freeze > requirements.txt`	インストール済みのライブラリを テキストに出力
`pip install -r requirements.txt`	ライブラリを一括でインストール

▬ PyPiとpip

Pythonには、PyPiと呼ばれるサードパーティ製のライブラリのリポジトリが無料で公開されています。PyPiで使いたいライブラリを見つけた場合、pipコマンドでインストールやアップデート、アンインストールといったパッケージ管理をすることができます。

● PyPiのURL

https://pypi.org/

インストール

例えば、requestsというライブラリをインストールする場合、以下のようにコマンドライン上でコマンドを実行します。

```
pip install requests
```

アンインストール

例えば、先ほどインストールしたライブラリを削除する場合、以下のようにコマンドライン上でコマンドを実行します。

```
pip uninstall requests
```

インストール済みライブラリの一覧を取得

freezeを指定すると、これまでにインストールしたライブラリが一覧で出力されます。結果をテキストファイルにリダイレクトし、別の環境で同じライブラリを一括でインストールすることができます。

```
pip freeze > requirements.txt
```

まとめてインストール、アンインストール

pip freezeで出力したライブラリの一覧があれば、それを一括でインストール、アンインストールすることができます。-rオプションをつけて一覧のテキストを指定します。

requirements.txtに記述されたライブラリを一括でインストールする場合、以下のようにコマンドを実行します。

```
pip install -r requirements.txt
```

requirements.txtに記述されたライブラリを一括でアンインストールする場合、以下のようにコマンドを実行します。

```
pip uninstall -r requirements.txt
```

venvを使って
Pythonの仮想環境を使いたい

● 仮想環境の構築

```
python -m venv 環境構築先のパス
```

● 仮想環境に切り替える

関数	処理
Windowsコマンドプロンプト	仮想環境ディレクトリ配下の¥Scripts¥activate.batを実行
Windows PowerShell	仮想環境ディレクトリ配下のScripts/Activate.ps1を実行
Unix系	仮想環境ディレクトリ配下のbin/activateをsourceコマンドで読み込み

● 仮想環境を抜ける

関数	処理
Windowsコマンドプロンプト	仮想環境ディレクトリ配下の¥Scripts¥deactivate.batを実行
Windows PowerShell	deactivateコマンドを実行
Unix系	deactivateコマンドを実行

■ プログラミングの仮想環境

Pythonプログラムを作成する際、pipなどでモジュールをインストールすることが多いと思いますが、1つの環境で別のPythonプログラムを作成しようとすると、以前にインストールしたモジュールが不要になったり競合したりしてしまいます。こういったことを避けるため、Pythonにはvenvを使用してプログラムやプロジェクトごとに仮想的な環境を構築することができます。

例えばvenvを使用してAとBと2つの仮想環境を構築し、仮想環境Aでは古いバージョンのモジュールを、仮想環境Bでは新しいバージョンのモジュールを別々にインストールする、といったことが可能となります。

■ venvによる仮想環境の作成

venvコマンドで仮想環境を作成することができます。例えばカレントディレクトリにmyenv1という環境を構築する場合、次のページのようにコマンドを実行します。

```
python -m venv myenv1
```

仮想環境の情報が格納されたmyenv1というディレクトリが作成されます。

■ 仮想環境の切り替え

作った環境に切り替える場合、WindowsとUnix系とで操作が異なります。

Windowsコマンドプロンプトの実行例

作成された仮想環境ディレクトリの配下に、activate.bat、deactivate.batというバッチファイルが配置されます。activate.batを実行するとその仮想環境に切り替わります。また、deactivate.batを実行するとその仮想環境から抜けることができます。前記の続きで、myenv1という仮想環境を作成した場合、仮想環境に切り替える場合は以下のコマンドを実行します。

```
myenv1¥Scripts¥activate.bat
```

仮想環境から抜ける場合は以下のコマンドを実行します。

```
myenv1¥Scripts¥deactivate.bat
```

Windows PowerShellでの実行例

PowerShellの場合、事前に実行ポリシーを変更しておく必要があります。以下のコマンドで現在実行中のPowerShellの実行ポリシーを変更することができます。

```
Set-ExecutionPolicy RemoteSigned -Scope Process
```

作成された仮想環境ディレクトリの配下にActivate.ps1ファイルが配置されますが、そのファイルを実行するとその仮想環境に切り替わります。

```
myenv1¥Scripts¥Activate.ps1
```

また、deactivateコマンドを実行するとその仮想環境から抜けることができます。

```
deactivate
```

Unix系での実行例

作成された仮想環境ディレクトリの配下にbin/activateというファイルが配置されます。そのファイルをsourceコマンドで読み込みます。また、仮想環境から抜ける場合はdeactivateを入力します。前記の続きで、myenv1という仮想環境に切り替える場合は以下のコマンドを実行します。

```
source env1/bin/activate
```

仮想環境から抜ける場合は以下のコマンドを実行します。

```
deactivate
```

変数

Chapter

2

009 変数を使いたい

```
識別子 = 値
```

■ Pythonの変数

変数とはプログラム上で扱う値につける名前のことで「変数に値を代入する」という表現もされます。プログラミング言語によっては変数を扱う際に変数の型の宣言が必要ですが、Pythonでは代入するだけで使用することができます。以下のコードでは変数aに数値3を代入しています。

```
a = 3
```

■ 変数名で使える文字

変数名として使用できるASCII(アスキー)の文字として、以下が挙げられます。

▶ 小文字、大文字のアルファベットa〜z、A〜Z
▶ 数字（0〜9）
▶ アンダースコア

ただし、数字は変数名の先頭として使用することはできません。また、予約語と呼ばれる単語がありこれも変数名として使用することができません（予約語については「011　予約語が知りたい」を参照してください）。さらに、日本語のようなASCII以外の文字も使用できますが本書では使用しません。

● 有効な変数名の例

```
x
y1
book
my_books
```

● 無効な変数名の例

```
5
5books
def
```

また、Pythonには予約語とは別に標準ライブラリや組み込み関数で定義された名前があり、変数名として不適切なものがいくつかあります。例えば、以下の変数は組み込み関数と同じ名前なので変数名として使用することは推奨されません。実害については「118 アンチパターンを改善したい」を参照してください。

● 不適切な変数名の例

```
sum
max
```

010 基本的な変数の種類が知りたい

変数の型	意味		変数の型	意味
bool型	ブール値		list型	リスト
bytes型	バイト列		tuple型	タプル
int型	整数		range型	指定した範囲の整数列
float型	浮動小数点		set型	集合
str型	文字列		dict型	辞書

■ Pythonの変数の種類

Pythonにはさまざまな種類の変数の型が用意されています。よく使用される基本的な型の概要と用語について解説します。

数値

整数や浮動小数点などの数値を扱う変数の型で演算を行うことです。また、ブール値を扱うbool型もPythonでは内部的には数値の一種です。基本的なものとして以下のものが挙げられます。

▶ bool型 (ブール)
▶ int型 (整数)
▶ float型 (浮動小数点)

コレクション

複数のデータを格納することができる変数の型をコレクションと呼びます。コレクションはさらにシーケンス、集合、マッピングに分類することができます。

● シーケンス

シーケンスとは「データを順番に並べたものをひとかたまりとしたデータ」で、配列と呼ばれることもあります。基本的なものとして以下のものが挙げられます。

▶ bytes型 (バイト列)
▶ str型 (文字列)
▶ list型 (リスト)
▶ tuple型 (タプル)
▶ range型

格納された各データにインデックスと呼ばれる番号が順番に割り当てられ、添字でそれらのデータを参照することができます。

- 集合
  集合とは「データの集合をひとかたまりとしたデータ」を表します。基本的なものとしてset型が挙げられます。

- マッピング
  キーと値を持つデータの集まりで、キーを指定すると目的のデータをすばやく取得することが可能です。基本的なものとしてdict型（辞書）が挙げられます。

■ 変数の性質

Pythonの変数には以下のような性質を表す用語があります。

イテラブルとイテレータ

イテラブルとは繰り返し処理が可能な性質を指します。たいていのコレクションはイテラブルで、以下のようなfor文でループ処理を行うことができます。

■ recipe_010_01.py

```python
nums = [3, 2, 8, 1]
for x in nums:
    print(x)
```

▼ 実行結果

```
3
2
8
1
```

また、よく似た単語としてイテレータというものがあります。イテレータは繰り返し処理を行うために一時的に使われるイテラブルな変数で、生成されると一度だけループ処理をすることができます。

イミュータブルとミュータブル

イミュータブルとは一度生成すると変更できない性質を指します。一方、生成後に変更できる性質をミュータブルと呼びます。上に挙げた変数のうち、イミュータブルなものはbool、bytes、int、float、str、tuple、rangeとなります。

011 予約語が知りたい

```
from keyword import kwlist
print(kwlist)
```

■ Pythonの予約語

予約語とは、識別子（変数名、関数名、クラス名など）として使用できないあらかじめ意味を持ったキーワードを指します。例えば、returnというキーワードは変数名などの識別子として使用することはできません。この本の執筆時点での3.8系の予約語は以下の通りです。

False	await	else	import	pass
None	break	except	in	raise
True	class	finally	is	return
and	continue	for	lambda	try
as	def	from	nonlocal	while
assert	del	global	not	with
async	elif	if	or	yield

バージョンが上がるにつれ予約語が増えているため、バージョンを上げた際に変数が使えなくなる場合があります。

■ 予約語を調べる

使っている環境の予約語を、keywordモジュールのkwlistで簡単に調べることができます。以下は予約語のリストをprintで出力しています。

■ recipe_011_01.py

```
from keyword import kwlist
print(kwlist)
```

Python 3.8で実行すると結果は上の表と同じ次ページの通りリストで表示されます。

▼ 実行結果

```
['False', 'None', 'True', 'and', 'as', 'assert', 'async', 'await',
'break', 'class', 'continue', 'def', 'del', 'elif', 'else',
'except', 'finally', 'for', 'from', 'global', 'if', 'import', 'in',
'is', 'lambda', 'nonlocal', 'not', 'or', 'pass', 'raise', 'return',
'try', 'while', 'with', 'yield']
```

012 変数に値がないことを表したい

Syntax

値	意味
None	値なし

変数に値がない場合

Pythonでは変数に対して値がないことを示すNoneという値が用意されています。他のプログラミング言語でいうところのnullやnilに相当します。例えば変数aに値がないことを表す場合、以下のように記述します。

```
a = None
```

また、変数がNoneかどうかを判定する場合は以下のようにisを使用します（if文については3章で解説します）。

■ recipe_012_01.py

```
val = None

if val is None:
    print('変数に値が設定されていません')
```

▼ 実行結果

```
変数に値が設定されていません
```

変数の値がNoneの場合、文字列に変換するとエラーにはならず文字列'None'に変換されます。このためprint関数で出力しても、エラーにはならず文字列'None'が出力されます。

013 整数を使いたい

Chap.2 変数

Syntax

変数例	a = 10

■ 整数

Pythonには整数を扱うint型と呼ばれる変数の型が用意されています（以降、int型の変数を表す場合に単に整数と書く場合があります）。コード中に数値や文字列といった値を直接記述したものをリテラルと呼びますが、整数のリテラルを変数に代入するとその変数はint型として扱われます。以下のコードでは変数a、bにをint型の値を代入しています。

```
a = 10
b = -5
```

ただし、リテラルとして数字の前にゼロを配置することは許可されていないという点に注意してください。

- NGな例

```
z=05
```

実行するとSyntaxErrorが発生することが確認できます。

043

関数とメソッド

この先の説明ではいくつかの関数とメソッドを使用しますので、用語と使用方法について簡単に補足します。4章、5章でより詳しく解説します。

関数と組み込み関数

関数とは、入力値に対して処理を行い結果を返す一連の処理をまとめたものです。プログラマが自身で作成することができるのですが、Pythonにはそれらとは別にあらかじめいくつかの関数が用意されており、これを組み込み関数と呼びます。組み込み関数は宣言なしで使用することができ、どこからでも呼び出すことができます。これまでに紹介したprint関数は組み込み関数の一種です。関数は処理のための入力値を指定することができ、これを引数と呼びます。また、処理結果を戻り値として返す場合もあり、この結果を以下のように変数に代入することができます。

> 戻り値を格納する変数　=　関数名(引数)

例えば、absという組み込み関数は引数で指定した数値の絶対値を返します。以下のコードは、10の絶対値を変数xに代入しています。

```
x = abs(10)
```

メソッド

変数にはさまざまな型があることを紹介しましたが、型ごとに関数のような機能がいくつか備わっており、この機能のことをメソッドと呼びます。メソッドを呼び出す場合は変数名とメソッド名をドットでつなげます。メソッドにも引数と戻り値があり、変数に代入することができます。

> 戻り値を格納する変数　=　変数.メソッド名(引数)

例えば、Pythonの文字列にはreplaceという置換するメソッドがあります。以下のコードは変数text1のreplaceメソッドを実行し、メソッドの実行結果を変数text2に代入しています。

```
text1 = "aaa bbb ccc aaa bbb ccc"
text2 = text1.replace('aaa', 'xxx')
```

また、メソッドは単純に値を返すだけではなく、変数の内部の状態を変更する処理を行う場合があります。

014 算術演算をしたい

Syntax

演算子	意味
x + y	足し算
x - y	引き算
x * y	掛け算
x / y	割り算
x // y	商
x % y	剰余
-x	符号反転
x ** y	べき乗

■ 演算子による算術演算

Pythonでは+-*/%の演算子を使用して、冒頭の表の通り算術演算を行うことができます。以下のコードでは、2つの数x、yについて算術演算を行っています。

■ recipe_014_01.py

```python
x = 100
y = 3

# 足し算
a = x + y
print(a)

# 引き算
b = x - y
print(b)

# 掛け算
c = x * y
print(c)
```

```
# 割り算
d = x / y
print(d)

# 商
e = x // y
print(e)

# 剰余
f = x % y
print(f)

# 符号反転
g = -x
print(g)

# べき乗
h = x ** y
print(h)
```

▼ 実行結果

```
103
97
300
33.333333333333336
33
1
-100
1000000
```

015　ブール値型変数を使いたい

Syntax

値	意味
True	真
False	偽

ブール値

　ブール値とは真もしくは偽のどちらかを表す値で、条件を満たしているかどうか表現するとき等に使用することができます。Pythonには、ブール値を扱うbool型と呼ばれる変数の型が用意されています（以降、bool型の変数を表す場合に単にブール値と書く場合があります）。真のときはTrue、偽の場合はFalseを使用します。例えば、変数val1、val2にそれぞれ真、偽を代入する場合、以下のように記述します。

```
val1 = True
val2 = False
```

016 比較演算をしたい

比較演算子	意味
<	より小さい
<=	以下
>	より大きい
>=	以上
==	等しい
!=	等しくない

━ 比較演算

比較演算とは2つの変数を比較し、関係性についてブール値を得る演算を指します。以下のコードでは2つの変数xが変数yより小さいかどうかを比較演算し、結果を変数b1に代入しています。

■ recipe_016_01.py

```
x = 100
y = 200

b1 = x < y
print(b1)
```

▼ 実行結果

```
True
```

比較演算の結果を代入する際は可読性を上げるため、以下のように丸括弧でくくる場合もあります。

```
b1 = (x < y)
```

017 複数の変数を比較演算したい

Syntax

```
変数1 < 変数2 < 変数3 ……
```

▪ 比較演算の連結

Pythonは、数学の不等式のように複数の比較演算子を連結して記述することができます。以下のサンプルでは、3つの変数x, y, zについてx < y < zが成り立つかどうか判定し、結果を変数b1に代入しています。

■ recipe_017_01.py

```python
x = 100
y = 200
z = 300

b1 = (x < y < z)
print(b1)
```

▼ 実行結果

```
True
```

018 ブール演算を使いたい

Syntax

構文	意味
not x	否定（xでない）
x and y	論理積（xかつyである）
x or y	論理和（xもしくはyである）

※x、yはブール値を指します

ブール演算

ブール演算とは以下のような論理的な演算を指します。

- not x： xがFalseならTrue、そうでなければFalse
- x and y：xがFalseならx、そうでなければy
- x or y： xがFalseならy、そうでなければx

Pythonではbool型変数に対してnot、and、orを使用してブール演算を行うことができます。以下のコードでは、条件を表したbool型変数a、bに対しブール演算を行っています。

■ recipe_018_01.py

```python
a = True
b = False

# aかつb
x = a and b
print(x)

# aもしくはb
y = a or b
print(y)

# aではない
z = not a
print(z)
```

▼ 実行結果

```
False
True
False
```

ブール演算の優先順位

ブール演算は複数を並べて記述することが可能です。このとき演算が実行される優先順位があり、優先順位が高いものからnot > and > orとなります。

■ recipe_018_02.py

```
b = True or True and False
print(b)
```

▼ 実行結果

```
True
```

上のコードでは、orよりandが優先されていることが確認できます。ただし、評価順序の意図がわかりづらいため、以下のように丸括弧で演算順序を明示する書き方をおすすめします。

```
b = True or (True and False )
print(b)
```

019 浮動小数点型を使いたい

Syntax

変数例1	x = 0.105
変数例2	y = 1.05e-3

■ 浮動小数点

Pythonには、浮動小数点型を扱うfloat型と呼ばれる変数の型が用意されています（以降、float型の変数を表す場合に単に浮動小数点と書く場合があります）。小数のリテラルを変数に代入するとその変数はfloat型として扱われます。以下のコードでは変数x、yにをfloat型の値を代入し、足し算をしています。

■ recipe_019_01.py

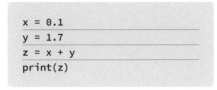

```
x = 0.1
y = 1.7
z = x + y
print(z)
```

▼ 実行結果

```
1.8
```

小数のリテラルは、数字と小数点以外に指数表記を使用することができます。以下のコードでは先ほどのコードを指数表記で代入しています。

■ recipe_019_02.py

```
x = 1e-1
y = 1.7e+0
z = x + y
print(z)
```

■ float型と誤差

float型は、内部的には2進数が使用されているため誤差を含みます。誤差が許容できない場合はDecimal型を使用してください。詳しくは10章で解説します。

020 無限大や非数を表したい

| Syntax |

構文	意味
float("inf")	正の無限大
-float("inf")	負の無限大
float("nan")	非数

■ float型のinfと非数Nan

float型には、float関数の引数にinfを指定して無限大を表現することが可能です。また、infは演算することができます。また、float関数の引数にnanを指定して非数 (Not a Number) を表現することも可能で、inf同士の演算で値が不定のときなどの結果として使用される場合もあります。

以下のコードでは、変数x、yに正負の無限大をそれぞれ代入し演算をしています。

■ recipe_020_01.py

```python
x = float("inf")
y = -float("inf")

z1 = x + 100
z2 = x + y
z3 = x / y

print(z1)
print(z2)
print(z3)
```

▼ 実行結果

```
inf
nan
nan
```

021

文字列型を扱いたい

例		補足
変数例1	`'ABCDEFG'`	シングルクォートで囲む
変数例2	`"ABCDEFG"`	ダブルクォートで囲む
変数例3	`"""ABCDEFG"""`	トリプルクォートで囲む

■ 文字列

引用符による文字列生成

Pythonには、文字列を扱うstr型と呼ばれる変数の型が用意されています（以降、str型の変数を表す場合に単に文字列と書く場合があります）。文字列を生成するには、シングルクォートもしくはダブルクォートで文字列を囲みます。シングルクォート3個もしくはダブルクォート3個で囲んだ文字列は、複数行にまたがって記述することができます。

■ recipe_021_01.py

```
text1 = 'ABCDEFG'
text2 = "ABCDEFG"
text3 = """
ABCDEFG
HIJKLMN
OPQRSTU
"""

print(text1)
print(text2)
print(text3)
```

▼ 実行結果

```
ABCDEFG
ABCDEFG

ABCDEFG
HIJKLMN
OPQRSTU
```

str()による文字列の生成

また、str関数を使用すると、引数で指定した変数の文字列表現を得ることができます。右のコードでは、整数の3から文字列の'3'を生成しています。

```
three = str(3)
```

文字列表現については「090　オブジェクトの文字列表現を定義したい」を参照してください。

022 文字列をエスケープしたい

```
¥エスケープしたい文字
```

文字列のエスケープ

文字列を生成する際、制御文字などをそのまま使用するとエラーとなります。例えば以下のコードのようにシングルクォートで囲んで文字列を生成する場合、文字列中にシングルクォートが存在するとSyntaxErrorとなります。

```
text = 'I'm pythonista.'
# 実行するとSyntaxError: invalid syntaxが発生
print(text)
```

こういった場合、以下のコードのように¥マーク（Unix系ではバックスラッシュ）でエスケープします。

```
text = 'I¥'m pythonista.'
print(text)
```

他にも、改行等の特殊文字についても¥マーク（Unix系ではバックスラッシュ）でエスケープすることで、文字列中で使用することが可能です。

● 代表的なエスケープシーケンス

エスケープシーケンス	意味
¥改行	¥と改行を無視
¥¥	¥
¥'	一重引用符（'）
¥"	二重引用符（"）
¥n	行送り（LF）
¥r	復帰（CR）
¥t	タブ（TAB）

エスケープを使用すると、以下のコードのように文字列中の改行をエスケープすることもできます。

■ recipe_022_01.py

```
text = "aaa\
bbb"
print(text)
```

▼ 実行結果

```
aaabbb
```

また、タブや改行等の特殊文字を出力することも可能です。以下のコードではタブおよび改行（LF）の含まれた文字列を出力しています。

■ recipe_022_02.py

```
text = "aaa\tbbb\tccc\nddd\teee\tfff"
print(text)
```

▼ 実行結果

```
aaa    bbb    ccc
ddd    eee    fff
```

023 文字列を連結したい

演算子	意味
str型変数1 + str型変数2 + ……	str型変数1、str型変数2、……を連結

■ 文字列の連結

文字列は+演算子で連結することができます。以下のコードでは、2つの文字列を連結して表示しています。

■ recipe_023_01.py

```python
text1 = "abc"
text2 = "def"
text3 = text1 + text2
print(text3)
```

▼ 実行結果

```
abcdef
```

■ 数値型との連結

数値型等、文字列以外の型を文字列として結合する場合、そのまま連結するとエラーとなるので注意が必要です。いったんstr関数で文字列に変換してから+演算子で結合します。以下のコードは文字列と文字列に変換した数値を連結しています。

■ recipe_023_02.py

▼ 実行結果

```
abc3
```

```python
text1 = "abc"
num = 3
text2 = text1 + str(num)
print(text2)
```

024

raw文字列を使いたい

Syntax

r"文字列"

━ raw文字列

raw文字列を使用すると、エスケープシーケンスを無効化することができます。以下のコードでは、改行コード入りのraw文字列がそのまま出力されていることが確認できます。

■ recipe_024_01.py

```
text = r"aaa¥nbbb¥nccc"
print(text)
```

▼ 実行結果

```
aaa¥nbbb¥nccc
```

よく使用される局面として、Windows系のパスの入力が挙げられます。¥マークが区切り文字として使用されるため全部エスケープすると面倒ですが、raw文字列を使用するとそのまま書くことが可能です。以下のコードでは、Windows系のパスをエスケープとraw文字列の2通りで記述し出力しています。どちらも同じ結果を得ることができます。

■ recipe_024_02.py

```
win_path1 = "c:¥¥work¥¥sample"
print(win_path1)
win_path2 = r"c:¥work¥sample"
print(win_path2)
```

▼ 実行結果

```
c:¥work¥sample
c:¥work¥sample
```

　ただし、文字列を囲んだ引用符を文字列中で使用する場合については¥マークでのエスケープが必要となります。また、このことが理由で文字列末尾に奇数個の¥がある場合、最後の¥が閉じ引用符をエスケープしてしまうため、エラーとなります。回避策として末尾に¥を連結するという手があります。

```
text = r'Beginner¥'s Guide'
win_path3 = r'C:¥work' + '¥¥'
```

025 文字列の文字数が知りたい

Syntax

関数	戻り値
len(str型変数)	引数で指定した文字列の文字数をint型で返す

len関数

組み込みのlen関数を使用するとリストやタプルなどのシーケンスの要素数を調べることができますが、文字列の場合は文字数を得ることができます。以下のコードでは文字列変数textの文字数をprintで出力しています。

■ recipe_025_01.py

```
text = "Python is a programming language that lets you work more 
quickly and integrate your systems more effectively."
print(len(text))
```

▼ 実行結果

```
109
```

026 リストを生成したい

Syntax

```
[要素1, 要素2, ……]
```

━ リスト

Pythonにはlist型と呼ばれる変数の型があります（以降、list型の変数を表す場合に単にリストと書く場合があります）。リストはシーケンスの一種で、複数の要素を順序付きで格納することができ、ソート、追加、挿入さまざまな処理を行うことが可能です。

[]によるリストの生成

リストを新たに生成する場合、[]内に要素をカンマ区切りで列挙します。以下のコードでは、3つの数字が格納されたリストを生成しています。

■ recipe_026_01.py

```python
l = [1, 5, 7]
```

リストの要素は任意の型が格納可能です。以下のコードでは、リストに数値と文字列を格納しています。

```python
l = [1, "text", 100]
```

また、[]内に何も指定しない場合は空のリストが生成されます。

```python
empty = []
```

list()によるリストの生成

rangeや文字列等、イテラブルな変数はlist関数でリストを生成することができます。例えば、文字列はシーケンスですので次のページのようにリストに変換することができます。

■ recipe_026_01.py

```
l = list('sample')
print(l)
```

▼ 実行結果

```
['s', 'a', 'm', 'p', 'l', 'e']
```

また、引数に何も指定しない場合は空のリストが生成されます。

```
empty = list()
```

027 リストの要素を参照したい

Syntax

```
list型変数[インデックス]
```

リストのインデックス

リストには要素にインデックスもしくは添字と呼ばれる0始まりの番号が対応づけられています。例えば、以下のリストの場合は0番目が"りんご"、1番目が"みかん"、2番目が"バナナ"となります。

```
l = ["りんご", "みかん", "バナナ"]
```

リスト要素へのアクセス

リストの要素を参照する場合は角括弧でインデックスを指定します。以下のコードでは、リストの0番目から2番目までprintで出力しています。

■ recipe_027_01.py

```
l = ["りんご", "みかん", "バナナ"]
print(l[0])
print(l[1])
print(l[2])
```

▼ 実行結果

```
りんご
みかん
バナナ
```

リストの末尾から参照する

リストは、マイナス符号を用いて末尾から逆順にアクセスすることが可能です。このことを利用して、次のページのように-1を指定するとリストの末尾を参照することができます。

■ **recipe_027_02.py**

```
l = ["りんご", "みかん", "バナナ"]
print(l[-1])
print(l[-2])
print(l[-3])
```

▼ 実行結果

```
バナナ
みかん
りんご
```

028 スライス構文を使いたい

Chap 2 変数

Syntax

構文	意味
list型変数[start:stop]	インデックスがstart番目からstop番目の直前の範囲の要素のリスト
list型変数[start:stop:step]	インデックスがstart番目からstop番目の直前の範囲のうちstep飛ばしの要素のリスト

スライス構文とは

スライス構文とは、リストやタプルなどのシーケンスから部分を取得することができる書き方です。取得したい部分の開始位置、終了位置、ステップを指定します。終了位置については、指定したインデックスの1つ手前までが取得できます。以下のコードでは、0〜10の数字が格納されたリストでスライス構文でリストの一部を取り出しています。

■ recipe_028_01.py

```
l = [0, 1, 2, 3, 4, 5, 6, 7, 8, 9, 10]
print(l[0:3])      # 0番目から2番目まで
print(l[4:5])      # 4番目のみ
print(l[0:11:2])   # 0番目から10番目まで2つ飛ばしで
```

▼ 実行結果

```
[0, 1, 2]
[4]
[0, 2, 4, 6, 8, 10]
```

スライス構文のさまざまな書き方

非常に便利なスライス構文ですが、苦手に感じる方も多いようです。これは、リストのインデックスの書き方に色んな方法があるからかもしれません。このため、書き方のバリエーションを紹介します。

インデックスの省略

開始位置が0番目や終了位置が末尾の場合は、記述を省略できます。ですので例えばリストの最初から最後まで2つおきに要素を取得する場合、次のページのいずれの書き方でも結果は同じとなります。

■ recipe_028_02.py

```
l = [0, 1, 2, 3, 4, 5, 6, 7, 8, 9, 10]

# 以下、いずれも[0, 2, 4, 6, 8, 10]
l1 = l[0:11:2]
l2 = l[:11:2]
l3 = l[0::2]
l4 = l[::2]
```

インデックスのマイナス表記

また、インデックスの末尾はマイナスで記述できます。インデックスが10まであるリストについて、以下2つのスライス構文はどちらも0番目から9番目までの要素が取得できます。

■ recipe_028_03.py

```
l = [0, 1, 2, 3, 4, 5, 6, 7, 8, 9, 10]

# 以下、いずれも[0, 1, 2, 3, 4, 5, 6, 7, 8, 9]
l1 = l[0:10]
l2 = l[0:-1]
```

029 リストの要素を更新したい

```
list型変数[インデックス] = 更新する値
```

■ リスト要素の更新

リストの要素は後から自由に更新することが可能です。更新する場合はインデックスを指定して代入します。以下のコードでは、1番目の要素を更新しています。

■ recipe_029_01.py

```python
l = ["りんご", "みかん", "バナナ"]
l[1] = "いちご"
print(l)
```

▼ 実行結果

```
['りんご', 'いちご', 'バナナ']
```

1番目の要素が更新されたことが確認できます。

030 入れ子のリストを使いたい

Syntax

構文	意味
[[要素1-1, 要素1-2, ……], [要素2-1, 要素2-2], ……]	入れ子のリストの生成
list型変数[インデックス1][インデックス2]	入れ子の要素への アクセス
list型変数[インデックス1][インデックス2] = 値	入れ子の要素の更新

■ 入れ子構造のリスト

[]を入れ子に記述することで入れ子のリストを生成することができます。また、入れ子のリストは角括弧を並べて書くことにより、内部の要素を参照したり更新したりすることができます。以下のコードでは、入れ子のリストを生成後、要素の参照と更新を行っています。

■ recipe_030_01.py

```
dl = [["a", "b", "c"], ["d", "e", "f"], ["g", "h", "i"]]
print(dl)
print(dl[1])        # 0から数えて1番目のリストを参照
print(dl[1][0])     # 0から数えて1番目のリストの0番目の要素を参照
dl[1][0] = "X"      # 0から数えて1番目のリストの0番目の要素を更新
print(dl)
```

▼ 実行結果

```
[['a', 'b', 'c'], ['d', 'e', 'f'], ['g', 'h', 'i']]
['d', 'e', 'f']
d
[['a', 'b', 'c'], ['X', 'e', 'f'], ['g', 'h', 'i']]
```

031 リストの要素数が知りたい

Syntax

関数	意味
len(list型変数)	引数で指定したリストの要素数をint型で返す

len関数

　組み込みのlen関数を使用すると、リストやタプルなどのシーケンスの要素数を調べることができます。
以下のコードではリストlの要素数をprintで出力しています。

■ recipe_031_01.py

```
l = ["a", "b", "c", "d"]
print(len(l))
```

▼ 実行結果

```
4
```

032

リストに要素を追加・挿入したい

Syntax

メソッド	処理と戻り値
list型変数.append(変数)	リストの末尾に指定した変数を追加、戻り値なし
list型変数.insert(N, 変数)	リストの (0から数えて) N番目に指定した変数を追加 戻り値なし

■ appendによる末尾への追加

リストのappendメソッドを使用すると、末尾に要素を追加することができます。以下のコードでは、要素が3つのリストの末尾に要素を1つ追加しています。

■ recipe_032_01.py

```
l = ["りんご", "みかん", "バナナ"]
l.append('いちご')
print(l)
```

▼ 実行結果

```
['りんご', 'みかん', 'バナナ', 'いちご']
```

■ insertメソッドによる要素の挿入

任意の位置に要素を挿入したい場合、insertメソッドを使用します。以下のコードでは、2番目と0番目に要素を追加しています。

■ recipe_032_02.py

```
l = ["りんご", "みかん", "バナナ"]
# 2番目に要素追加
l.insert(2, 'いちご')
print(l)
```

```
# 先頭に要素追加
l.insert(0, 'オレンジ')
print(l)
```

▼ **実行結果**

```
['りんご', 'みかん', 'いちご', 'バナナ']
['オレンジ', 'りんご', 'みかん', 'いちご', 'バナナ']
```

Syntax

構文	意味
del list型変数[インデックス]	指定したインデックスの要素を削除する

● リストのメソッドを使用した要素の削除

メソッド	処理と戻り値
list型変数.remove(要素)	指定した要素を削除する。戻り値なし
list型変数.pop(インデックス)	指定したインデックスの要素を削除し、戻り値でその要素を返す

━ リストの要素の削除

リストの要素の削除は冒頭の構文の通り方法が3通りあります。

del文を使用した削除

del文はlistからインデックスを指定して要素を削除することができます。以下のコードでは、リストの2番目を削除しています。

■ recipe_033_01.py

```python
l = ["りんご", "みかん", "バナナ", "いちご"]

# 0から数えて2番目の要素を削除する
del l[2]
print(l)
```

▼ 実行結果

```
['りんご', 'みかん', 'いちご']
```

removeによる指定要素の削除

removeメソッドを使用すると指定した値を削除することができます。次のページのコードでは、リストの中の"りんご"を削除しています。同じ要素が複数あった場合、最初に一致したものが削除されます。

■ recipe_033_02.py

```python
l = ["りんご", "みかん", "バナナ", "いちご", "りんご"]

# 要素 "りんご"を削除する
l.remove("りんご")
print(l)
```

▼ 実行結果

```
['みかん', 'バナナ', 'いちご', 'りんご']
```

popメソッドによる要素の取り出し

特定のインデックスの要素を削除する場合、popメソッドを利用する方法もあります。popはその名の通り要素を「取り出す」メソッドですが、削除で使用されることがあります。

■ recipe_033_03.py

```python
l = ["りんご", "みかん", "バナナ", "いちご"]

# 0から数えて2番目の要素を削除する
val = l.pop(2)
print(l)
print(val)
```

▼ 実行結果

```
['りんご', 'みかん', 'いちご']
バナナ
```

上のサンプルの通り、popメソッドは戻り値として取り出した値を得ることができます。

034 リストの要素を検索したい

メソッド	戻り値
list型変数.index(検索する値)	引数で指定した値が格納されているインデックス

■ indexによる検索

indexメソッドを使用すると、リストの中で特定の要素がどこに格納されているのかを検索することができます。戻り値として格納されているインデックスが返されます。また、要素が見つからない場合はValueErrorが発生します。

■ recipe_034_01.py

```python
l = ["りんご", "みかん", "バナナ", "いちご"]
idx = l.index('みかん')
print(idx)
```

▼ 実行結果

```
1
```

要素"みかん"のインデックスが1番目であることがわかります。

035 タプルを使いたい

Syntax

（要素1，要素2，……）

━ タプル

Pythonにはtuple型と呼ばれる変数の型があります（以降、tuple型の変数を表す場合に単にタプルと書く場合があります）。タプルはリストのように複数の要素が順序づけられて格納されている変数ですが、一度生成すると値や順序といった内容の変更が一切できないイミュータブルな変数です。タプルを生成するには2通りの方法があります。

丸括弧とカンマ区切り

()内で値をカンマ区切りで列挙するとタプルを生成することができます。

```
t1 = ()
t2 = (1, )
t3 = (1, 2)
```

注意が必要なのが要素が1つだけの場合で、末尾にカンマをつける必要があります。カンマを省略すると単一の変数としてみなされてしまいます。以下のコードでは、丸括弧でタプルを生成していますが、2番目のものはタプルではなく整数として扱われていることが確認できます（type関数については「092 変数の型を調べたい」を参照してください）。

■ recipe_035_01.py

```
t1 = ()
t2 = (1)
t3 = (1, )
print(type(t1))
print(type(t2))
print(type(t3))
```

▼ 実行結果

```
<class 'tuple'>
<class 'int'>
<class 'tuple'>
```

また、要素がある場合は丸括弧を省略して書かれることもあります。

```
t = 'book', 'pen', 'note'
```

tuple()による変換

list等と同様にtuple()でリストなどのシーケンスをタプルに変換したタプルを得ることができます。

```
l = [1, 2, 3, 4, 5]
t = tuple(l)
```

036 タプルの要素や要素数を調べたい

Syntax

構文	意味
tuple型変数[インデックス]	インデックスを指定した要素の参照
tuple型変数[start:stop:step]	スライス構文による部分取得
len(タプル)	要素数

タプルの要素の参照

タプルはリストと同様シーケンスと呼ばれる変数の種類で、以下の通りリストと同じ参照方法が可能です。

▸ インデックスを指定して要素を参照
▸ スライス構文で部分を切り出し
▸ lenで長さを調べる

以下のコードではタプルに対して、次の3つの操作を行っています。

▸ (0から数えて) 1番目の要素を参照
▸ (0から数えて) 2番目から3番目までの部分を取り出し
▸ タプルの長さを調べる

■ recipe_036_01.py

```python
t = ("a", "b", "c", "d", "e", "f", "g")
print(t[1])
print(t[2:4])
print(len(t))
```

▼ 実行結果

```
b
('c', 'd')
7
```

変数1，変数2，…… = リストなどのシーケンス

■ アンパック

リストやタプル、文字列のようなシーケンスはアンパックと呼ばれる変数展開が可能です。以下のコードでは、要素数が3のリストの要素を3つの変数a、b、cに対してアンパックを使用して代入しています。

■ recipe_037_01.py

```
l = [100, 200, 300]
a, b, c = l
print(a, b, c)
```

▼ 実行結果

```
100 200 300
```

実行すると、リストの0番目から順に変数a、b、cに要素が代入されていることが確認できます。なお、左辺と右辺の変数の数が同じであることが必要で、以下のような場合はValueErrorが発生します。

```
l = [100, 200, 300]
a, b = l
a, b, c, d = l
```

038 変数の値を入れ替えたい

Syntax

構文	意味
変数1，変数2 = 変数2，変数1	変数1と変数2の値を入れ替える

■ 2つの変数の値を入れ替える

Pythonは2つの変数を入れ替えて代入することが可能です。原理的にはカンマ区切りにするとタプルになるため、それをアンパックして代入しています。以下のコードでは、変数x、yの値を入れ替えています。

■ recipe_038_01.py

```python
x = 100
y = 200
print(x, y)
x, y = y, x
print(x, y)
```

▼ 実行結果

```
100 200
200 100
```

変数の値が入れ替わっていることが確認できます。

039 range型を扱いたい

Syntax

● range型変数の生成
▶ 0から (stop-1) までのrange型を生成

```
range(stop)
```

▶ startから (stop-1) までのrange型を生成

```
range(start, stop)
```

▶ startからstep飛ばしで (stop-1) までのrange型を生成

```
range(start, stop, step)
```

▬ rangeの生成

　range関数を使用するとrange型と呼ばれる特定の範囲の連番のシーケンスを得ることが可能で、連番のリストを生成したり、回数を指定したループ処理を行うことができます。
　range型を生成する場合、range関数の引数に連番の開始となる数 (start)、終了する数 (stop)、ステップ数 (step) を指定することができます。なお、stop自体は範囲に含まれないという点に注意してください。ステップ数はマイナスを指定すると逆方向に刻むことができます。以下にいくつかの例を示します。

連番	rangeと引数	内部イメージ
0～3の連番	`range(4)`	`0 1 2 3`
4～6の連番	`range(4, 7)`	`4 5 6`
3～9の連番で2つ飛ばし	`range(3, 10, 2)`	`3 5 7 9`
10～7の連番で逆方向	`range(10, 6, -1)`	`10 9 8 7`

▬ リストへの変換

　list関数の引数でrangeを指定すると、リストに変換することができます。次ページのコードでは、上の例のrange型をリストに変換してprint出力しています。

■ recipe_039_01.py

```
r1 = range(4)
r2 = range(4, 7)
r3 = range(3, 10, 2)
r4 = range(10, 6, -1)
print(list(r1))
print(list(r2))
print(list(r3))
print(list(r4))
```

▼ 実行結果

```
[0, 1, 2, 3]
[4, 5, 6]
[3, 5, 7, 9]
[10, 9, 8, 7]
```

040 setを扱いたい

> {要素1, 要素2, ……}

set型

Pythonには集合を扱うset型という型が用意されています（以降、set型の変数を表す場合に単に setと書く場合があります）。シーケンスと同様複数の要素をまとめて扱うことができますが、以下の点で シーケンスと異なります。

▸ **順序を持たない**
▸ **重複要素を持たない**

順序を持たないため、インデックスを指定して要素を参照することはできません。一方でその名の通り 集合なので集合演算を行うことが可能です。

{}による生成

setを生成するには中括弧の中に要素を列挙します。

```
s = {1, 3, 5, 7}
```

set()による生成

また、リストなどのシーケンスをsetの引数に指定することにより生成することも可能です。このとき重 複が除去されます。以下のコードではsetの引数に重複ありのリストを指定しています。

■ recipe_040_01.py

```
s = set([1, 2, 3, 1, 2, 3])
print(s)
```

▼ 実行結果

```
{1, 2, 3}
```

setに変換され、重複が除去されていることが確認できます。
また、引数なしでset()を使用すると空のset型を生成することができます（{}は空の辞書となります）。

```
# 空のset型を生成
empty = set()
```

041 setに要素を追加したい

Syntax

メソッド	処理と戻り値
set型変数.add(変数)	set型変数に引数で指定した変数を要素として追加する 戻り値なし

■ 要素の追加

setの要素を追加する場合、addメソッドを使用します。引数に追加する要素を指定します。set型は要素の重複が許可されないため、同じ値を追加しても要素数は増えません。以下のコードではset型に8を2回追加しています。

■ recipe_041_01.py

```python
# set型を生成
s = {1, 5, 3, 4, 7}
print(s)

# 8を追加
s.add(8)
print(s)

# 8をもう1回追加
s.add(8)
print(s)
```

▼ 実行結果

```
{1, 3, 4, 5, 7}
{1, 3, 4, 5, 7, 8}
{1, 3, 4, 5, 7, 8}
```

042 setの要素を削除したい

Syntax

メソッド	処理と戻り値
set型変数.remove(要素)	set型変数から引数で指定した要素を削除する 戻り値なし

■ 要素の追加

setの要素を削除する場合、removeメソッドを使用します。また、すべての要素を削除する場合、clearメソッドを使用します。以下のコードではsetから要素8を削除した後、clearメソッドですべての要素を削除しています。

■ recipe_042_01.py

```python
# set型を生成
s = {1, 5, 3, 8, 4, 7}
print(s)

# 8を削除
s.remove(8)
print(s)

# 全部削除
s.clear()
print(s)
```

▼ 実行結果

```
{1, 3, 4, 5, 7, 8}
{1, 3, 4, 5, 7}
set()
```

043 setの要素の存在判定をしたい

Syntax

構文	意味
要素 in set型変数	要素がsetに含まれている場合、True

─ 存在判定

ある値がsetに含まれているかどうか判定する場合、inを使用します。以下のコードでは、setに3と8が含まれているかどうかを判定しています。

■ recipe_043_01.py

```python
s = {1, 5, 3, 4, 7}
print(s)
print(3 in s)
print(8 in s)
```

▼ 実行結果

```
{1, 3, 4, 5, 7}
True
False
```

044 集合の論理演算をしたい

Syntax

メソッド	戻り値
s1.union(s2)	s1とs2の和集合をset型で返す
s1.intersection(s2)	s1とs2の積集合set型で返す
s1.difference(s2)	s1とs2の差集合をset型で返す
s1.issubset(s2)	s1がs2に含まれる場合、Trueを返す
s1.issuperset(s2)	s1がs2を含む場合、Trueを返す

※s1、s2はset型変数を表します

set型の集合演算

set型は集合演算を行うことができるという特徴があります。Pythonではこの集合演算を利用することで、ループなどの制御文を使用することなく和集合や差集合を求めることが可能です。

Union（和集合）

set型変数が持つunionメソッドを利用すると戻り値に和集合、つまり2つの集合の要素を合わせた集合を得ることができます。以下のコードでは2つのset型変数の和集合を求めています。

■ recipe_044_01.py

```python
s1 = {'A', 'B', 'C'}
s2 = {'C', 'D', 'E'}
s = s1.union(s2)  # s1とs2をunionする
print(s)
```

▼ 実行結果

```
{'D', 'E', 'B', 'C', 'A'}
```

Intersection（積集合）

set変数が持つintersectionメソッドを利用すると、戻り値に2つの集合の積、つまり共通要素を取り出した集合を得ることができます。次のページのコードでは2つのset型変数の積集合を求めています。

■ recipe_044_02.py

```
s1 = {'A', 'B', 'C'}
s2 = {'C', 'D', 'E'}
s = s1.intersection(s2)
print(s)
```

▼ 実行結果

```
{'C'}
```

共通要素のCが取得できたことが確認できます。

Difference (差集合)

set変数が持つdifferenceメソッドを利用すると、戻り値に2つの集合の差、つまり元の集合に存在し、比較対象の集合に存在しない要素の集合を得ることができます。以下のコードでは2つのset型変数の差集合を求めています。

■ recipe_044_03.py

```
s1 = {'A', 'B', 'C'}
s2 = {'C', 'D', 'E'}

# s1 - s2
# s1 - s2 = s1にあってs2にないもの = A, B
s = s1.difference(s2)
print(s)

# s2 - s1
# s2 - s1 = s2にあってs1にないもの = D, E
s = s2.difference(s1)
print(s)
```

▼ 実行結果

```
{'B', 'A'}
{'D', 'E'}
```

上のサンプルの通りdifferenceはunion、intersectionと異なり演算順序で違いがあるという点に注意してください。

包含判定

ある集合が別の集合を含むかどうか、または含まれるかどうかを判定するメソッドがset型に用意されています。

● 含まれているかどうかを判定

ある集合s1が別の集合s2に含まれている場合、s1はs2のsubset（サブセット＝部分集合）であるといいます。set型のissubsetメソッドを利用して判定することができます。

以下のコードではs1がs2に含まれるかどうかを判定しています。s1はs2の部分集合なので、Trueが返されています。

■ recipe_044_04.py

```python
s1 = {'A', 'B'}
s2 = {'A', 'B', 'C'}
b = s1.issubset(s2)
print(b)
```

▼ 実行結果

```
True
```

● 含んでいるかどうかを判定

ある集合s1が別の集合s2を含む場合、s1はs2のsuperset（スーパーセット）であるといいます。setオブジェクトのissupersetメソッドを利用して判定することができます。

以下のコードではs1がs2を含かどうかを判定しています。s1はs2の部分集合なので、Trueが返されています。

■ recipe_044_05.py

▼ 実行結果

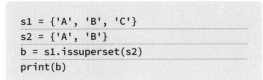

```python
s1 = {'A', 'B', 'C'}
s2 = {'A', 'B'}
b = s1.issuperset(s2)
print(b)
```

```
True
```

045 辞書を生成したい

```
{キー1: 要素1, キー2: 要素2, ……}
```

辞書型

辞書とは、キーと値の組で複数の値を格納することができるデータ構造のことで、Pythonには辞書を扱うdict型という型が用意されています(以降、dict型の変数を表す場合に単に辞書と書く場合があります)。

{}による辞書の生成

キーと値をコロンでつなげたものを波括弧内に列挙するのが、最も簡単な生成方法です。以下のコードでは、英語の曜日をキーに、日本語の意味を値とした辞書を生成しています。

■ recipe_045_01.py

```
# 曜日の辞書を生成する
week_days = {'Monday': '月曜日', 'Tuesday': '火曜日', 'Wednesday': '水
曜日', 'Thursday': '木曜日', 'Friday': '金曜日', 'Saturday': '土曜日',
'Sunday': '日曜日'}
print(week_days)
```

また、{}内に何も指定しない場合は空の辞書が生成されます。

```
empty = {}
```

dict()による辞書の生成

dict()を使用すると入れ子のリストから辞書を生成することも可能です。1番目にキー、2番目に値が格納された二重シーケンスをdict()の引数に指定すると、辞書に変換することが可能です。次ページのコードでは、上のコードを入れ子のリストを使用したコードに書き換えています。

```
week_days_list = [["Monday",  "月曜日"], ["Tuesday",  "火曜日"],
["Wednesday",  "水曜日"], ["Thursday", "木曜日"], [ "Friday",  "金曜日
"], ["Saturday", "土曜日"], ["Sunday", "日曜日"]]
week_days_dict = dict(week_days_list)
print(week_days_dict)
```

また、引数に何も指定しない場合は空の辞書が生成されます。

```
empty = dict()
```

■ キーとして使用できる変数

辞書のキーとして使用できるのはhashableという性質を持った型の変数のみとなります。組み込み
変数の中では以下の型が挙げられます。

● hashableな変数の型の例

▸ int型
▸ str型
▸ tuple型

一方、list型、set型、dict型はhashableではないためキーとして使用することができません。

046 辞書の値を参照したい

● []を使用した参照

構文	参照方法
dict型変数[キー]	指定したキーに対応する値を取得、キーが存在しない場合はKeyError発生

● getメソッドを使用した参照

メソッド	戻り値
dict型変数.get(キー)	指定したキーに対応する値を返す。キーが存在しない場合はNoneが返される
dict型変数.get(キー, デフォルト値)	指定したキーに対応する値を返す。キーが存在しない場合は引数で設定したデフォルト値が返される

■ 辞書の値を参照する

　シーケンスの場合は値を取り出すときに何番目かを表すインデックスを指定しますが、辞書の場合はインデックスの代わりにキーを指定してアクセスすることが可能です。キーを指定して参照する方法が2つ用意されています。

[ ]による参照

　角括弧の中にキーを指定すると辞書の値を参照することができます。以下のコードでは、key1を指定して格納されている値を参照しています。

■ recipe_046_01.py

```
d = {"key1": 100, "key2": 200}
val = d["key1"]
print(val)
```

▼ 実行結果

```
100
```

また、存在しないキーを設定するとKeyErrorが発生します。以下のコードは実行するとKeyErrorが発生します。

```
d = {"key1": 100, "key2": 200}
val = d["keyX"]
```

getによる参照

辞書にはgetというメソッドが用意されているため、こちらで要素を参照することも可能です。引数にキーを設定します。[]と異なり存在しないキーを指定してもエラーが発生せず、Noneが返されます。

■ recipe_046_02.py

```
d = {"key1": 100, "key2": 200}
# 存在するキーを指定
val1 = d.get("key1")
print(val1)

# 存在しないキーを指定
val2 = d.get("keyX")
print(val2)
```

▼ 実行結果

```
100
None
```

getによるデフォルト値の設定

getメソッドは、第2引数で指定したキーが存在しない場合のデフォルト値を設定することが可能です。

■ recipe_046_03.py

```
# 前のコードの続き
val3 = d.get("keyX", 999)
print(val3)
```

▼ 実行結果

```
999
```

047 辞書に値を追加・更新したい

Syntax

```
dict型変数[キー] = 値
```

値の追加

辞書に値を追加する場合、[]でキーを指定して代入します。以下のコードでは、キーがkey2、値が200の要素を追加しています。

■ recipe_047_01.py

```
d = {"key1": 100}
# キーがkey2、値が200の要素を追加
d["key2"] = 200
print(d)
```

▼ 実行結果

```
{'key1': 100, 'key2': 200}
```

値の更新

辞書のキーはユニークであるため、同じ操作を繰り返すと要素が追加されるのではなく既存の値が更新されます。以下のコードでは、先ほど追加したkey2の要素の値を300に更新しています。

■ recipe_047_02.py

```
# 前のコードの続き
# キーがkey1の要素の値を更新する
d["key2"] = 300
print(d)
```

▼ 実行結果

```
{'key1': 100, 'key2': 300}
```

048 辞書に含まれるすべての キーと値を取得したい

Syntax

メソッド	戻り値
dict型変数.keys()	dict_keysオブジェクト (すべてのキー)
dict型変数.values()	dict_valuesオブジェクト (すべての値)
dict型変数.items()	dict_itemsオブジェクト (すべてのキーと値の組)

─ すべてのキーを取り出す

keysメソッドを使用すると、辞書のすべてのキーが参照できるdict_keysオブジェクトを取得することができます。

■ recipe_048_01.py

```
d = {"key1": 100, "key2": 200}
keys = d.keys()
print(keys)
```

▼ 実行結果

```
dict_keys(['key1', 'key2'])
```

─ すべての値を取り出す

valuesメソッドを使用すると、辞書のすべての値が参照できるdict_valuesオブジェクトを取得することができます。

■ recipe_048_02.py

```
d = {"key1": 100, "key2": 200}
print(d.values())
```

▼ 実行結果

```
dict_values([100, 200])
```

■ すべてのキーと値の組を取り出す

itemsメソッドを使用すると、辞書のすべてのキーと値の組が参照できるdict_itemsオブジェクトを取得することができます。

■ recipe_048_03.py

```
d = {"key1": 100, "key2": 200}
print(d.items())
```

▼ 実行結果

```
dict_items([('key1', 100), ('key2', 200)])
```

■ リストへの変換

keys、values、itemsいずれも戻り値がイテラブルであり、ループ処理や以下のコードのようにリストへの変換が可能です。

■ recipe_048_04.py

```
d = {"key1": 100, "key2": 200}
key_list = list(d.keys())
value_list = list(d.values())
item_list = list(d.items())

print(key_list)
print(value_list)
print(item_list)
```

▼ 実行結果

```
['key1', 'key2']
[100, 200]
[('key1', 100), ('key2', 200)]
```

ループ処理については3章を参照してください。

049 キーや値が辞書に 存在するかどうか調べたい

Syntax

構文	判定
キー in dict型変数.keys()	キーの存在判定
値 in dict型変数.values()	値の存在判定
(キー, 値) in dict型変数.items()	キーと値の存在判定

▬ キーの存在判定

keysメソッドの戻り値のオブジェクトに対してinでキーの存在を判定することができます。以下のコードでは"key1"というキーの存在の判定結果を変数bに代入しています。

■ recipe_049_01.py

```python
d = {"key1": 100, "key2": 200}
b = ("key1" in d.keys())
print(b)
```

▼ 実行結果

```
True
```

▬ 値の存在判定

valuesメソッドの戻り値のオブジェクトに対して、inで値の存在を判定することができます。以下のコードでは、値が200の組の存在の判定結果を変数bに代入しています。

■ recipe_049_02.py

```python
d = {"key1": 100, "key2": 200}
b = (200 in d.values())
print(b)
```

▼ 実行結果

```
True
```

━ キーと値の組の存在判定

　itemsメソッドの戻り値のオブジェクトに対して、inでキーと値の組のタプルの存在を判定することができます。以下のコードでは、キーが"key2"、値が200の組の存在の判定結果を変数bに代入しています。

■ recipe_049_03.py

```
d = {"key1": 100, "key2": 200}
b = (("key2", 200) in d.items())
print(b)
```

▼ 実行結果

```
True
```

050 辞書の要素を削除したい

Syntax

● del文を使用した要素の削除

構文	意味
del dict型変数['キー']	指定したキーの要素を削除する

● popメソッドを使用した要素の削除

メソッド	処理と戻り値
dict型変数.pop('キー')	指定したキーの要素を削除し、その要素を返す

del文

リストと同様、del文で指定した要素を削除することが可能です。関数やメソッドではなく文なので値は返されません。以下のコードではキーがkey2の要素を削除しています。

■ recipe_050_01.py

```python
d = {"key1": 100, "key2": 200}
print(d)
# キーがkey2の要素を削除
del d["key2"]
print(d)
```

▼ 実行結果

```
{'key1': 100, 'key2': 200}
{'key1': 100}
```

popメソッド

辞書型変数にはpopメソッドが用意されています。これはその名の通り値を取り出す(popする)メソッドであるため、削除代わりに使用することが可能です。戻り値として取り出した値が返されます。次のページのコードでは上のコードと同様にkey2を削除していますが、戻り値としてkey2の値が返されていることを確認しています。

■ recipe_050_02.py

```
d = {"key1": 100, "key2": 200}
print(d)
# キーがkey2の要素を削除
val = d.pop("key2")
print(d)
print(val)
```

▼ 実行結果

```
{'key1': 100, 'key2': 200}
{'key1': 100}
200
```

clear()による全要素削除

clearメソッドを使用すると辞書のすべての要素を削除することができます。

■ recipe_050_03.py

```
d = {"key1": 100, "key2": 200}
d.clear()
print(d)
```

▼ 実行結果

```
{}
```

051 bytes型変数を使いたい

Syntax	
変数例1	b1 = bytes([0, 127, 255])
変数例2	b2 = b'abc'

バイトとbytes型

bytes型はバイト列を扱う変数の型で、バイナリデータを扱う際に使用されます。通常リテラルで使用することはあまりなく、ファイルや通信といった外部リソースを授受した際によく使われるのですが、bytesの引数に0〜255の範囲のリストを引数で指定するとリテラルとして生成することができます。なお、8bitの範囲を超える値を指定した場合はValueErrorが発生します。以下のコードでは、16進数表記だと00617AFEとなるバイト列をbytesで生成しています。

```
b = bytes([0, 97, 122, 254])
```

ASCIIとbytes型

生成したbytes型の変数をprint出力すると、bからはじまる文字列で表示されます。ASCIIコードの範囲が1バイトに対応しているため制御系文字以外の普通に出力できる文字(これを印刷可能と呼びます)の場合はその文字が、それ以外はxと16進数で表示されます。実際、前記のコードで61と7AはASCIIのa、zに対応しているため、print出力すると以下の結果が得られます。

■ recipe_051_01.py

```
# 前のコードの続き
print(b)
```

▼ 実行結果

```
b'\x00az\xfe'
```

また、逆にbから始まる文字列でASCII文字列をバイトでエンコードすることができます。以下のコードはASCII文字列"Python"をバイトでエンコードしたbytes型を生成し、変数pbに代入しています。

```
pb = b'Python'
```

制御文

052 if文で処理を条件分岐させたい

Syntax

```
if 条件式:
    条件式が真の場合の処理
```

if文

　特定の条件を満たす場合のみ処理を実行させたい場合、if文を使用します。ifの右側に比較演算やブール値といった条件式を記述します。if文以下、分岐処理をしたい箇所までインデントをつけます。以下のコードでは、変数xの値が3より大きい場合に変数の値を出力しています。また、5行目のprint関数は分岐処理の外側に記述されているため、条件式によらず実行されます。

■ recipe_052_01.py

```
x = 5
if 3 < x:
    print("xは3より大きいです")

print("処理を終了します")
```

▼ 実行結果

```
xは3より大きいです
処理を終了します
```

　前述の通りブール値を使用することもできます。以下のコードでは、比較演算の結果をいったんbool型に格納して、if文に指定するように先ほどのコードを書き換えています。

```
x = 5
b = (x > 3)
if b:
    print("xは3より大きいです")
```

053 条件式での変数の評価が知りたい

> Syntax

● 偽と判定される変数の例

型	値
bool型	False
int型	0
float型	0.0
str型	""
tuple型	()
list型	[]
set型	set()
dict型	{}
NoneType型	None

■ 条件式での変数の評価

　if文の条件式はブール値以外に値の種類によっても判定が行われます。ゼロ、空白、空のコレクションといった値がないものは偽、値があるとみなせるものは真と判定されます。以下のコードでは、ゼロや空のリスト等でif文の条件式の判定結果を確認しています。なお、コード中のformatメソッドについては「152 文字列に値を埋め込みたい」を参照してください。

■ recipe_053_01.py

```python
x1 = 0
if x1:
    print('{}は真と判定されました'.format(x1))
else:
    print('{}は偽と判定されました'.format(x1))

x2 = 1
if x2:
    print('{}は真と判定されました'.format(x2))
else:
    print('{}は偽と判定されました'.format(x2))
```

```
x3 = []
if x3:
    print('{}は真と判定されました'.format(x3))
else:
    print('{}は偽と判定されました'.format(x3))

x4 = [0]
if x4:
    print('{}は真と判定されました'.format(x4))
else:
    print('{}は偽と判定されました'.format(x4))

x5 = {}
if x5:
    print('{}は真と判定されました'.format(x5))
else:
    print('{}は偽と判定されました'.format(x5))

x6 = {"key": 0}
if x6:
    print('{}は真と判定されました'.format(x6))
else:
    print('{}は偽と判定されました'.format(x6))
```

▼ 実行結果

```
0は偽と判定されました
1は真と判定されました
[]は偽と判定されました
[0]は真と判定されました
{}は偽と判定されました
{'key': 0}は真と判定されました
```

054 複数の条件分岐を使いたい（else、elif）

Syntax

```
if 条件式1:
    条件式1が真の場合の処理
elif 条件式2:
    条件式1が偽で条件式2が真の場合の処理
else:
    条件式1が偽かつ条件式2が偽の場合の処理
```

elif

複数の条件分岐をしたい場合はelifを使用します。ifおよびelifの後に条件を記述します。elifは複数記述することが可能です。例えば変数xが0未満、0と等しい、0より大きいの場合でそれぞれメッセージを出し分けたい場合、以下のように記述します。

■ recipe_054_01.py

```
x = 10
if x < 0:
    print('xは0未満です。')
elif x == 0:
    print('xは0です。')
elif x > 0:
    print('xは0より大きいです')
```

else

elseはif、elifで記述したいずれの条件にも合致しない場合に実行したい処理を記述します。次のページのコードではif、elifでxが2の倍数か3の倍数かを判定しています。それ以外の場合はelseで処理されます。

■ recipe_054_02.py

```
x = 23
if x % 2 == 0:
    print("xは2の倍数です。")
elif x % 3 == 0:
    print("xは3の倍数です。")
else:
    print("xは2の倍数でも3の倍数でもありません。")
```

▼ 実行結果

```
xは2の倍数でも3の倍数でもありません。
```

055 三項演算子を使いたい

Syntax

```
真のときの値 if 条件式 else 偽のときの値
```

■ 三項演算子

Pythonの三項演算子はif elseを使用して記述します。以下のサンプルでは、年齢を表す変数age
の値により、大人か未成年かを判定した結果をis_adultに格納しています。

■ recipe_055_01.py

```python
age=10
is_adult = "大人です" if age >= 20 else "未成年です"
print(is_adult)

age=40
is_adult = "大人です" if age >= 20 else "未成年です"
print(is_adult)
```

▼ 実行結果

```
未成年です
大人です
```

056

リストなどのイテラブルな変数に対してループ処理したい

```
for 変数 in イテラブルな変数:
    処理
```

イテラブルな変数とfor文

リストやタプルといったイテラブルの各要素に対して、繰り返し処理を行う場合はfor文を使用します。forの右側にループ内で使用する要素を表す変数名を記述します。for文以下、ループ処理をしたい箇所までインデントをつけます。以下のコードでは、数値が格納されたリストに対しfor文で各要素を2倍してprint出力しています。また、6行目のprint関数はループ処理の外側に記述されているため、一度だけ実行されます。

■ recipe_056_01.py

```python
nums = [1, 3, 7, 2, 9]
for x in nums:
    y = x * 2
    print(y)

print("処理を終了します")
```

▼ 実行結果

```
2
6
14
4
18
処理を終了します
```

057 for文で指定回数分ループを実行したい

構文	意味
`for ループ変数 in range(処理回数):`	指定した回数分ループ処理を行う

■ rangeによる処理回数の指定

Pythonのfor文はカウンタなしで繰り返し処理をすることが可能ですが、あえて特定の回数だけ処理を行いたい場合はrangeを使用します。以下のコードは"Hello world."を3回、printで出力しています。

■ recipe_057_01.py

```python
for i in range(3):
    print("Hello world.")
```

▼ 実行結果

```
Hello world.
Hello world.
Hello world.
```

058 辞書に対してループ処理したい

Syntax

構文	意味
for 変数 in dict型変数.keys():	キーでループ
for 変数 in dict型変数.values():	値でループ
for キーの変数, 値の変数 in dict型変数.items():	キーと値でループ

▬ キーでループ処理

keysメソッドを使用するとキーのイテレータが得られます。for文と組み合わせることにより、辞書の各キーでループ処理することができます。以下のコードでは辞書のキーを1行ずつprint出力しています。

■ recipe_058_01.py

```
d = {"key1": 100, "key2": 200, "key3": 300}
for key in d.keys():
    print(key)
```

▼ 実行結果

```
key1
key2
key3
```

for文で使用する場合はkeysは省略可能で、上のコードは以下のように記述しても同様の結果が得られます。

```
for key in d:
```

▬ 辞書の値でループ処理

valuesメソッドを使用すると値のイテレータが得られます。for文と組み合わせることにより辞書の各値でループすることができます。次のページのコードでは辞書の値を1行ずつprint出力しています。

■ recipe_058_02.py

```python
d = {"key1": 100, "key2": 200, "key3": 300}
for value in d.values():
    print(value) # 値が出力される
```

▼ 実行結果

```
100
200
300
```

━ キーと値でループ処理

itemsメソッドを使用するとキーと値のイテレータが得られます。for文と組み合わせることにより、辞書の各キーと値両方でループすることができます。以下のコードでは辞書のキーと値を1行ずつprint出力しています。

■ recipe_058_03.py

```python
d = {"key1": 100, "key2": 200, "key3": 300}
for key, value in d.items():
    print(key, value)
```

▼ 実行結果

```
key1 100
key2 200
key3 300
```

059 for文でループカウンタを使いたい

Syntax

構文	意味
`for カウンタ, 変数 in enumerate(イテラブルな変数):`	カウンタありのループ処理

enumerate

何番目の要素だけは処理をしない、といったの処理のためループカウンタを利用する場合、組み込みのenumerate関数を使用します。ループカウンタは0始まりとなります。以下のコードでは、0番目の要素以外のリストの要素をループカウンタと共に1行ずつ出力しています。

■ recipe_059_01.py

```python
l = ['a', 'b', 'c']
for idx, val in enumerate(l):
    if idx != 0:
        print(idx, val)
```

▼ 実行結果

```
1 b
2 c
```

辞書のitemsとの併用

enumerateとitemsと併用する場合はキーと値の組を丸括弧でくくります。以下のコードではループカウンタと辞書のキー、値を1行ずつ出力しています。

■ recipe_059_02.py

```python
d = {'key1': 110, 'key2': 220, 'key3': 330}

for idx, (key, value) in enumerate(d.items()):
    print(idx, key, value)
```

▼ 実行結果

```
0 key1 110
1 key2 220
2 key3 330
```

060 複数のリストを同時に ループ処理したい（for文）

Syntax

構文	意味
`for 変数1, 変数2 in zip(list型変数1, list型変数2):`	2つのリストの要素の組を ループ処理

zip関数

組み込み関数のzip関数を使用すると、イテラブルな変数を同時にループ処理できるイテレータを得ることができます。以下のコードでは、2つのリストの要素を1行ずつ同時にprint出力しています。

■ recipe_060_01.py

```python
list1 = ["a", "b", "c"]
list2 = [1, 2, 3]
for x, y in zip(list1, list2):
    print(x, y)
```

▼ 実行結果

```
a 1
b 2
c 3
```

zip関数で指定できる変数は2つ以上指定することができます。また、要素数が異なる場合は一番少ない要素数に合わされます。要素数の異なる3つのリストで試してみると、以下のようになります。

■ recipe_060_02.py

```python
list1 = ["a", "b", "c", "d"]
list2 = [1, 2, 3]
list3 = ["A", "B", "C", "D", "F"]
for x, y, z in zip(list1, list2, list3):
    print(x, y, z)
```

▼ 実行結果

```
a 1 A
b 2 B
c 3 C
```

要素数の一番少ないlist2に合わせて処理が実行されたことが確認できます。

061

リストをループで逆順に処理したい（for文）

Syntax

構文	意味
`for 変数 in reversed(list型変数):`	reversed関数を使用したリストの逆順ループ処理
`for 変数 in list型変数[::-1]:`	スライス構文を使用したリストを逆順ループ処理

reversed関数

組み込み関数のreversed関数を使用すると、シーケンスを逆順にしたイテレータを得ることが可能です。以下のコードはリストの要素を逆順でprint出力しています。

■ recipe_061_01.py

```python
l = [1, 2, 3, 4, 5]
for x in reversed(l):
    print(x)
```

▼ 実行結果

```
5
4
3
2
1
```

スライス構文

スライス構文を使用する方法もあります。スライス構文の3番目のステップに-1を指定すると、逆順のリストを得ることができます。先ほどのreversedの代わりにスライス構文を使用してみると、次ページのように記述することができます。

■ **recipe_061_02.py**

```python
l = [1, 2, 3, 4, 5]
for x in l[::-1]:
    print(x)
```

reversedを使用したときと同じ結果が得られます。

062 リスト内包表記を使いたい

構文	意味
[新たなリストの要素 for 変数 in イテラブルな変数]	単純なリスト内包表記
[新たなリストの要素 for 変数 in イテラブルな変数 if 要素に対する条件]	条件分岐付きのリスト内包表記

━ リスト内包表記

あるリストのそれぞれの要素に対して処理を行い新たなリストを得る方法として、リスト内包表記という記法があります。以下のコードでは、数値が格納されたリストの要素をそれぞれ2倍した新たなリストを、リスト内包表記で生成しています。

■ recipe_062_01.py

```python
list1 = [1, 2, 3]
list2 = [val * 2 for val in list1]
print(list2)
```

▼ 実行結果

```
[2, 4, 6]
```

上のコードと同じ内容のリストを得るためにリスト内包表記を使わない場合、以下のようになります。リスト内包表記を使用したほうが、格段にシンプルに書けることがわかると思います。

```python
list1 = [1, 2, 3]
list2 = []
for val in list1:
    list2.append(val * 2)
print(list2)
```

if文と組み合わせたリスト内包表記

また、リスト内包表記はif文と組み合わせることができます。これにより、リストの中から特定条件を満たす要素だけを抽出することも可能となります。以下のコードでは、整数のリストの要素の中から奇数の要素のみ抽出し、それらを2倍したリストを新たに生成しています。

■ recipe_062_02.py

```python
list1 = [1, 2, 3]
list2 = [val * 2 for val in list1 if val % 2 == 1]
print(list2)
```

▼ 実行結果

```
[2, 6]
```

063 集合内包表記を使いたい

構文	意味
{新たな集合の要素 for 変数 in イテラブルな変数}	単純な集合内包表記
{新たな集合の要素 for 変数 in イテラブルな変数 if 要素に対する条件}	条件分岐付きの集合内包表記

■ 集合内包表記

リスト内包表記と同じような記法で、集合内包表記というものがあります。リストなどのイテラブルな変数から新たにsetを生成することができます。以下のコードはリストの各要素を2倍したsetを生成しています。

■ recipe_063_01.py

```python
list1 = [1, 2, 3]
set2 = {val * 2 for val in list1}
print(set2)
```

▼ 実行結果

```
{2, 4, 6}
```

■ if文と組み合わせた集合内包表記

また、リスト内包表記と同様にif文と組み合わせることも可能です。以下のコードでは整数のリストの要素の中から奇数の要素のみ抽出し、それらを2倍したsetを新たに生成しています。

■ recipe_063_02.py

```python
list1 = [1, 2, 3]
set2 = {val * 2 for val in list1 if val % 2 == 1}
print(set2)
```

▼ 実行結果

```
{2, 6}
```

064 辞書内包表記を使いたい

Syntax

構文	意味
{新たな辞書のキー:値 for 変数 in イテラブルな変数}	単純な辞書内包表記
{新たな辞書のキー:値 for 変数 in イテラブルな変数 if 要素に対する条件}	条件分岐付きの辞書内包表記

■ 辞書内包表記

辞書内包表記を使用すると、リストや辞書のようなイテラブルな変数から新たに辞書を生成することが可能です。以下のコードはリストの各要素をキー、値がすべて0とした辞書を生成しています。

■ recipe_064_01.py

```python
list1 = [1, 2, 3]
dict2 = {val: 0 for val in list1}
print(dict2)
```

▼ 実行結果

```
{1: 0, 2: 0, 3: 0}
```

リスト内包表記と同様にif文で条件を指定することも可能です。以下のコードでは、リストの要素のなかで2以上の要素をキー、値がすべて0とした辞書を生成しています。

■ recipe_064_02.py

```python
list1 = [1, 2, 3]
dict2 = {val: 0 for val in list1 if val >= 2}
print(dict2)
```

▼ 実行結果

```
{2: 0, 3: 0}
```

itemsメソッド、zip関数と併用する方法がよく使われますので以下に紹介します。

itemsによる既存の辞書から新たな辞書の生成

ある辞書の値に処理を加えて新たな辞書を生成する際、辞書内包表記とitemsを併せて使用します。次のページのコードでは、既存の辞書の値を2倍した新たな辞書を生成しています。

辞書内包表記を使いたい

■ recipe_064_03.py

```python
d1 = {"key1": 100, "key2": 200, "key3": 300}
d2 = {key: value * 2 for key, value in d1.items()}
print(d2)
```

▼ 実行結果

```
{'key1': 200, 'key2': 400, 'key3': 600}
```

zip関数との併用

zip関数を使用すると、2つのリストを同時にループ処理することが可能です。以下のコードでは、2つのリストのうち一方の要素をキーに、もう一方のリストの要素を値とした辞書を生成しています。

■ recipe_064_04.py

```python
list1 = ["a", "b", "c"]
list2 = [1, 2, 3]
d = {key: value for key, value in zip(list1, list2)}
print(d)
```

▼ 実行結果

```
{'a': 1, 'b': 2, 'c': 3}
```

065 条件を満たしている間 ループ処理させたい（while文）

Syntax

```
while 条件式:
    処理
```

■ 条件式とwhile文

Pythonはループ処理のためにfor文以外にwhile文が用意されています。while文は指定した条件が真の間、ループ処理を続けます。while文以下、ループ処理をしたい箇所までインデントをつけます。以下のコードでは変数numが5未満である間、1ずつカウントアップおよびprint出力しています。また、6行目のprint関数はループ処理の外側に記述されているため一度だけ実行されます。

■ recipe_065_01.py

```python
num = 0
while num < 5:
    num += 1
    print(num)

print("処理を終了します")
```

▼ 実行結果

```
1
2
3
4
5
処理を終了します
```

構文	意味
break	ループから抜ける

■ break

　ループ処理中、特定の条件の場合にループから抜けたいときがあります。breakを使用するとループを途中で抜けることができます。以下のコードは、リストに格納されている数値の平方根を計算してprint出力していますが、マイナス値が出た場合は処理を中断してループから抜けています。なお、コード中の5行目、fから始まる文字列の書き方については「153　フォーマット済み文字列リテラルを使いたい」を参照してください。

■ recipe_066_01.py

```python
import math
l = [1, 64, 9, -49, 100]
for x in l:
    if x < 0:
        print(f"{x}はマイナスなので計算できません。ループを抜けます")
        break
    s = math.sqrt(x)
    print(s)
```

▼ 実行結果

```
1.0
8.0
3.0
-49はマイナスなので計算できません。ループを抜けます
```

　breakの後は処理が実行されていないことが確認できます。

067 特定の条件のとき ループ処理をスキップしたい

Syntax

構文	意味
continue	処理をスキップする

continue

ループ処理中、特定の条件の場合にループ内部の後続処理をスキップしたい場合があります。continueを使用すると、ループ内の後続処理をスキップすることができます。以下のコードは、リストに格納されている数値の平方根を計算してprint出力していますが、マイナス値が出た場合は処理をスキップして次の値を計算しています。

■ recipe_067_01.py

```python
import math
l = [1, 64, 9, -49, 100]
for x in l:
    if x < 0:
        print(f"{x}はマイナスなので計算できません。スキップします。")
        continue
    s = math.sqrt(x)
    print(s)
```

▼ 実行結果

```
1.0
8.0
3.0
-49はマイナスなので計算できません。スキップします。
10.0
```

breakと異なり、continueの後もループ処理が続行されていることが確認できます。

068 breakしなかった場合のみ処理を実行したい

Syntax

構文	意味
else	breakしなかった場合に処理を実行

■ breakとelse

Pythonのfor文やwhile文には、breakと併せてelseを使用することにより、breakが実行されなかったときのみ特定の処理を実行することが可能です。以下のコードは、数値のリストの各要素に対しループ処理で負の数の要素の有無を調べ、なければその旨を表示しています。

■ recipe_068_01.py

```python
l = [0, 3, 1, 10]
for x in l:
    if x < 0:
        print("負の数を検知しました")
        break
else:
    print("負の数は見つかりませんでした")
```

▼ 実行結果

```
負の数は見つかりませんでした
```

なお、上のコードの変数lを以下のように負の数値が存在するように改変すると、elseブロックが実行されないことが確認できます。

■ recipe_068_02.py

```python
l = [0, 3, -1, 10]
```

▼ 実行結果

```
負の数を検知しました
```

また、while文でも同様にbreakとelseを組み合わせることが可能です。

関数

Chapter

4

関数を使いたい

Syntax

- 関数の定義

```
def 関数名(引数):
    処理
    return 戻り値
```

- 関数の呼び出し

```
戻り値を格納する変数 = 関数名(引数)
```

■ 関数の定義と呼び出し

関数とは入力値に対して処理を行い結果を返す一連の処理をまとめたものです。関数に渡す値を引数、関数から返される値を戻り値と呼びます。

関数の定義

関数を定義するにはdefを使用します。関数名の後ろに引数を指定することができます。またreturnで呼び出し元に値を返すことができます。def文以下、関数として処理をまとめたい箇所までインデントをつけます。以下のコードは、引数で指定された2つの数字を足し算した結果を返す関数です。

```
def add_two_numbers(x, y):
    value = x + y
    return value
```

上のコードのx、yが引数、valueが戻り値となります。

関数の呼び出し

定義した関数を呼び出す場合、関数名と引数を指定します。また、戻り値がある場合は変数に代入することができます。次ページのコードは、先ほど定義した関数を呼び出し、結果を変数z1、z2に代入しprint出力しています。

■ recipe_069_01.py

```python
def add_two_numbers(x, y):
    value = x + y
    return value

z1 = add_two_numbers(10, 20)
print(z1)
z2 = add_two_numbers(6, 17)
print(z2)
```

▼ 実行結果

```
30
23
```

■ 引数、戻り値のない関数

　引数がない場合は定義も呼び出し側も単純に()のみ記述します。また、戻り値のない関数はNone が返されます。以下のコードは引数、戻り値なしのprint出力するだけの関数を定義して呼び出しています。

■ recipe_069_02.py

```python
# 関数の定義
def say_hello():
    print("Hello!")

# 関数の呼び出し
say_hello()
value = say_hello()
print(value)
```

▼ 実行結果

```
Hello!
Hello!
None
```

070 キーワード引数を使いたい

Syntax

構文	意味
関数名(引数1=値1，引数2=値2，引数3=値3，……)	キーワード引数を使用した関数の呼び出し

■ 位置引数とキーワード引数

Pythonで関数を呼び出す際に引数を指定する方法として、位置引数とキーワード引数という2つの書き方があります。

位置引数

位置引数とは、呼び出し側が関数定義の仮引数と同じ順序で実引数を指定する方法を指します。例えば、請求金額として（単価×数量＋手数料）×消費税率を計算する関数を考えてみましょう。

■ recipe_070_01.py

```python
# 請求金額を計算する関数
def calc_billing_amount(tanka, suryo, tesuryo, tax_rate):
    return (tanka * suryo + tesuryo) * tax_rate

# 位置引数による関数呼び出し（単価100円、数量10個、手数料50円、消費税率1.1)
x = calc_billing_amount(100, 10, 50, 1.1)

# 結果を出力
print(x)
```

このように引数を順番に並べる方法を位置引数と呼びます。

キーワード引数

位置引数は簡潔に関数呼び出しができるので便利なのですが、引数の順序を間違えると誤った処理が実行されてしまいます。例えば上の関数の場合、手数料と単価を入れ替えると計算結果が異なってしまいます。

こういった対策に便利なのがキーワード引数です。Pythonには関数呼び出し時に引数名を指定することができるのですが、これをキーワード引数と呼びます。先ほどの位置引数をキーワード引数を使用する場合、次のページのように指定します。

```
x = calc_billing_amount(tanka=100, suryo=10, tesuryo=50, tax_
rate=1.1)
print(x)
```

▼ 実行結果

```
1155.0
```

　キーワードの指定により引数の取り違えを防ぐことができます。また、キーワード引数の場合は順序を任意に入れ替えることも可能です。以下のように書き換えても同じ結果を得ることができます。

```
x = calc_billing_amount(tax_rate=1.1, suryo=10, tanka=100,
tesuryo=50)
print(x)
```

位置引数とキーワード引数の併用
　なお、位置引数とキーワード引数を混ぜることも可能です。以下の例では途中まで位置引数、後半はキーワード引数を指定しています。

```
x = calc_billing_amount(100, 10, tesuryo=50, tax_rate=1.1)
```

　ただし、逆にキーワード引数の後は位置引数は指定できないという点に留意してください。

```
# NGな例
x = calc_billing_amount(100, 10, tesuryo=50, 1.1)
```

071 可変長な位置引数を使いたい

Syntax

構文	意味
def 関数名(引数1, 引数2, *args):	可変長な位置引数

― 可変長な位置引数

　Pythonの関数は引数の数を可変にすることができます。例えば、位置引数に対し1番目と2番目の引数は必須、3番目以降の引数は任意、といった具合です。このような任意の個数の引数を可変長引数と呼びます。引数の前にアスタリスクを1つつけると可変長な位置引数となり、呼び出し元で指定した引数がタプル形式で格納されます。可変長な位置引数はargsという変数名がよく使用されます。

　以下のコードでは、引数をprint出力するだけの関数を定義していますが、1番目と2番目の引数は必須、それ以降は任意となっています。

■ recipe_071_01.py

▼ 実行結果

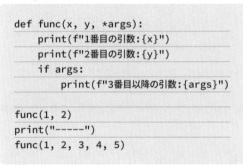

```python
def func(x, y, *args):
    print(f"1番目の引数:{x}")
    print(f"2番目の引数:{y}")
    if args:
        print(f"3番目以降の引数:{args}")

func(1, 2)
print("-----")
func(1, 2, 3, 4, 5)
```

```
1番目の引数:1
2番目の引数:2
-----

1番目の引数:1
2番目の引数:2
3番目以降の引数:(3, 4, 5)
```

　3番目以降の引数があってもなくても動作していることが確認できます。また、3番目以降の引数はタプル形式で設定されていることも確認できます。

072 可変長なキーワード引数を使いたい

Syntax

構文	意味
def 関数名(引数1, 引数2, **kwargs):	可変長なキーワード引数
def 関数名(引数1, 引数2, *args, **kwargs):	可変長な位置引数とキーワード引数

━ 可変長なキーワード引数

　位置引数だけではなくキーワード引数も可変長にすることも可能です。可変長にしたい引数の前にアスタリスクを2つつけます。可変長なキーワード引数はkwargsという変数名がよく使用されます。可変長なキーワード引数には辞書形式で値が設定されます。

　以下のコードでは、引数をprint出力するだけの関数を定義していますが、1番目と2番目の引数は必須、それ以降は任意のキーワード引数を指定できるようになっています。

■ recipe_072_01.py

```python
def func(x, y, **kwargs):
    print(f"引数x:{x}")
    print(f"引数y:{y}")
    if kwargs:
        print(f"3番目以降の引数:{kwargs}")


func(x=1, y=2)
print("-----")
func(x=1, y=2, z=3, w=4)
```

▼ 実行結果

```
引数x:1
引数y:2
-----
引数x:1
引数y:2
3番目以降の引数:{'z': 3, 'w': 4}
```

3番目以降の引数は辞書形式で設定されていることも確認できます。

■ 可変長な位置引数とキーワード引数の併用

可変長引数は位置引数、キーワード引数を混ぜて使うことも可能です。この場合、可変長位置引数、可変長キーワード引数の順に並べて記述します。

以下のコードでは、最初の引数が必須、それ以降は任意ですが可変長な位置引数とキーワード引数が設定された関数を定義しています。関数内部ではそれぞれの引数をprint出力しています。

■ recipe_072_02.py

```python
def func(x, *args, **kwargs):
    print(x)
    print(args)
    print(kwargs)

print("---第1引数のみ指定した結果---")
func(1)

print("---可変長引数を指定した結果---")
func(1, 100, 200, 300, a="X", b="Y", c="Z")
```

▼ 実行結果

```
---第1引数のみ指定した結果---
1
()
{}
---可変長引数を指定した結果---
1
(100, 200, 300)
{'a': 'X', 'b': 'Y', 'c': 'Z'}
```

073 関数呼び出しで位置引数を まとめて指定したい

Syntax

構文	意味
関数名(*list型変数)	位置引数をlist型変数でまとめて指定して呼び出し

シーケンスのアンパック

　Pythonの関数は、位置引数に指定したリストやタプルを展開するアンパックと呼ばれる機能があり、これにより引数をまとめて指定することができます。位置引数でアンパックを使用する場合は、呼び出しの際にアスタリスクを1つつけます。以下のコードでは、位置引数が3つの関数を呼び出す際、3つの要素のリストを引数に指定して呼び出しています。

■ recipe_073_01.py

```python
def func(x, y, z):
    print(x, y, z)
    return x + y + z


params = [1, 2, 3]
w = func(*params)
print(w)
```

▼ 実行結果

```
1 2 3
6
```

074 関数呼び出しでキーワード引数を まとめて指定したい

構文	意味
関数名(**dict型変数)	キーワード引数を辞書でまとめて指定して呼び出し

辞書のアンパック

前項では位置引数のアンパックについて解説しましたが、キーワード引数に対して辞書を使用すると、同様にアンパックを行うことが可能です。キーワード引数としてアンパックする場合はアスタリスクを2つつけます。以下のコードでは、キーワード引数を3つ指定した関数呼び出しで、3つの要素の辞書を引数に指定して呼び出しています。

■ recipe_074_01.py

```python
def func(x, y, z):
    print(x, y, z)
    return x + y + z


params = {"x": 1, "y": 2, "z": 3}
w = func(**params)
print(w)
```

▼ 実行結果

```
1 2 3
6
```

位置引数との併用

位置引数のアンパックと併用することもできます。この場合は位置引数を先に記述します。例えば引数が5つある関数で最初の3つをリスト、残りの2つを辞書でアンパックする場合、次ページのように記述します。

■ recipe_074_02.py

```python
def func(x, y, z, a, b):
    print(x, y, z, a, b)
    return x + y + z + a + b

params1 = [1, 2, 3]
params2 = {"a": 4, "b": 5}
w = func(*params1, **params2)
print(w)
```

▼ 実行結果

```
1 2 3 4 5
15
```

075 デフォルト引数を使いたい

構文	意味
def 関数名(引数1=デフォルト値1, 引数2=デフォルト値2 ……):	デフォルト引数の指定

■ 引数に対してデフォルト値を指定する

デフォルト引数を使用すると、引数を省略してデフォルトの値を設定することが可能です。以下のコードでは、2つの引数x、yを持つ関数に対し、

▶ **引数xは必須**
▶ **引数yを省略できる。省略したときは1を設定する**

という関数を定義しています。

■ recipe_075_01.py

```python
def func(x, y=1):
    print(x, y)

func(2, 5)   # 第2引数を省略せずに実行
func(2)      # 第2引数を省略して実行
```

▼ **実行結果**

```
2 5
2 1
```

上のサンプルでは定義した関数を2回呼び出しています。1回目は引数を省略せずに呼び出し、引数yに5が設定されていることが確認できます。また、2回目は第2引数を省略して呼び出していますが、引数yにデフォルト値の1が設定されていることが確認できます。

なお、デフォルト引数は通常の引数より右側に記述する必要があります。以下のコードはSyntaxErrorが発生します。

```python
def func(x=1, y):
    print(x, y)
```

デフォルト引数の破壊的な変更

デフォルト引数を使用する上で注意が必要なのが、デフォルト引数の破壊的な変更です。デフォルト引数は関数内部で変更することが可能なのですが、いったん変更すると以降その変更が反映された状態となります。

以下のコードの関数は、引数で指定した数を引数で指定したリストに追加して返しています。引数のリストがない場合は、デフォルト引数として空のリストを使用していますが、呼び出すたびにデフォルト引数の値が変わってしまっていることが確認できます。

```python
def sample(num, arg=[]):
    arg.append(num)
    return arg

print(sample(1)) # [1]
print(sample(2)) # [1, 2] !?
print(sample(3)) # [1, 2, 3] !!??
```

こういったトラブルを防ぐために、デフォルト引数には通常イミュータブルなものを使用するようにしましょう。また、if文などで引数がないの場合の値設定処理を加える方法もあります。以下コードでは引数がない場合に初期値を与えています。

```python
def sample(num, arg=None):

    # 引数がない場合に値を設定する
    if arg is None:
        arg = []

    arg.append(num)
    return arg
```

076 複数の値を返したい

Syntax

- 関数側（複数の値を返す）

  ```
  return 値1, 値2, ……
  ```

- 呼び出し側（複数の値を受け取る）

  ```
  変数1, 変数2, …… = 関数名(引数)
  ```

■ 複数の値を返す関数

　Pythonの関数は、戻り値をカンマ区切りで列挙することにより、複数の値を返却することができます。また、呼び出し側も変数をカンマ区切りで列挙することにより、複数の値を受け取ることが可能となります。以下のコードは、引数で指定された2つの数の和と差2つの計算結果を返す関数です。

■ recipe_076_01.py

```
def func(x, y):
    return x + y, x - y

a, b = func(2, 3)
print(a, b)
```

▼ 実行結果

```
5, -1
```

　変数a、bに和、差の計算結果がそれぞれ格納されていることが確認できます。
　原理的にはreturnで列挙した値がタプルとして返され、アンパックにより呼び出し側で列挙した変数に展開されて格納されています。これにより、複数の値が返されているような扱いが可能となっています。

077 関数の外側で定義した変数を使いたい

```
def 関数名(引数):
    global モジュール変数
    処理
```

モジュール変数の関数内部からのアクセス

モジュール変数の参照

Pythonスクリプトの直下、つまりどの関数やクラスにも属さない変数を本書では便宜上モジュール変数と呼ぶことにします。モジュール変数は関数内部から参照することが可能です。以下のコードは関数funcからモジュール変数valの値を読み取ってprint出力しています。

■ recipe_077_01.py

```
val = 100
def func():
    print(val)

func()
```

▼ 実行結果

```
100
```

関数の外側で定義した変数valを参照できていることが確認できます。

global宣言とモジュール変数の更新

モジュール変数を更新する場合はglobal宣言を使用する必要があります。更新したいモジュール変数の名前の左側にglobalを記述します。次のページのコードではモジュール変数countに、関数funcを呼び出した回数をカウントします。

■ recipe_077_02.py

```
count = 0

def func():
    global count
    count += 1
    print("実行回数：{}回".format(count))

func()
func()
print("countの値：{}".format(count))
```

▼ 実行結果

```
実行回数：1回
実行回数：2回
countの値：2
```

関数内部からモジュール変数のcountが更新できていることが確認できます。

078 関数を変数として扱いたい

Syntax

```
変数 = 関数名
```

■ 関数オブジェクト

Pythonの関数はこれまで扱ってきた整数や文字列、リストや辞書などと同様、1つの変数として扱うことができます。関数を変数に代入したりして扱う際、便宜的に関数オブジェクトと呼ぶことがあります。関数をオブジェクト(≒変数)として扱いますよ、ということですね。

以下のコードでは、引数で指定された2数の足し算を返す関数add_numを変数fに代入しています。その後、変数fを関数として呼び出しを行っています。

■ recipe_078_01.py

```python
def add_num(x, y):
    return x + y

# 変数に代入
f = add_num

# 関数を実行
z = f(100, 200)
print(z)
```

▼ 実行結果

```
300
```

関数内部で関数を定義したい

Syntax

```
def outer_function():
    処理

    def inner_function():
        処理
```

内部関数

Pythonでは、関数内部に関数を定義することが可能です。以下のサンプルコードでは、関数outer_functionの内部で関数inner_functionを定義して実行しています。

■ recipe_079_01.py

```
def outer_function():
    """ 外側の関数 """
    print('outer_function実行')

    def inner_function():
        """ 内側の関数 """
        print('inner_function実行')

    inner_function()

outer_function()
```

▼ 実行結果

```
outer_function実行
inner_function実行
```

このような関数内部に定義した関数を内部関数と呼びます。

080 クロージャを使いたい

Syntax

構文	意味
nonlocal 変数	内部関数からその外側の関数の変数を呼び出す

■ クロージャ

クロージャとは関数オブジェクトの一種で、実行時の状態を保持する領域を持つものを指します。通常、関数は実行すると内部の状態はクリアされますが、クロージャを使用するとモジュール変数のようなglobal (グローバル) な変数を使用せずに、前回実行した内容を記憶させて使用することが可能です。Pythonでは、nonlocal (ノンローカル) な変数と内部関数を使用してクロージャを実装することができます。

戻り値に内部関数を返す関数

クロージャの実装方法の前に、戻り値に内部関数を返す関数について考えてみましょう。Pythonでは関数を変数として扱うことが可能ですが、内部関数も例外ではなく、戻り値に変数として返すことができます。以下のコードは、内部関数を戻り値として返す関数outer_functionが定義されています。

■ recipe_080_01.py

```python
def outer_function():
    """ 外側の関数 """

    def inner_function():
        """ 内側の関数 """
        print('inner_functionが実行されました')

    # 内側の関数を変数として返す
    return inner_function

func = outer_function()
func()
```

▼ 実行結果

```
inner_functionが実行されました
```

nonlocal宣言とクロージャ

nonlocal宣言を使用すると、内側で定義した関数から外側のローカル変数を更新することが可能です。nonlocalな変数は、戻り値の関数オブジェクトが利用される間、そこに実行時の値を保持することができます。前述の通り内部変数とnonlocalな変数を利用すると、クロージャを実装することができます。例えば、ある関数が何回呼び出されたのかをモジュール変数を使わずに計上する、といったことが可能となります。

以下のコードでは、内部関数を返す関数outer_functionが定義されています。outer_functionを実行した際に得られた関数の実行回数がnonlocalな変数countに格納されており、実行するごとにcountの値がカウントアップされます。

■ recipe_080_02.py

```python
def outer_function():
    """ 外側の関数 """

    count = 0

    def inner_function():
        """ 内側の関数 """
        nonlocal count
        count += 1
        print("実行回数：{}回".format(count))

    return inner_function

# 関数オブジェクトを取得
func1 = outer_function()

# 関数を実行
func1()
func1()
func1()
```

▼ 実行結果

```
実行回数：1回
実行回数：2回
実行回数：3回
```

081 デコレータを使いたい

Syntax

```
@高階関数
def 関数名(引数):
    処理
```

デコレータ

　Pythonにはデコレータと呼ばれるユニークな機能があります。デコレータを利用すると、既存の関数に対してコードを変更することなく処理を追加実装することができるようになります。比較的難しい内容であるため長くなりますが、いちから順を追って説明します。

高階関数

　「関数を変数として扱いたい」で説明した通り、関数を変数として扱うことにより、関数の引数や戻り値として扱うことができます。このことを利用して、「関数に処理を追加する関数」を作ることができます。以下のコードの関数add_messageは、引数で与えられた関数の前後に、「処理を開始します」「処理を終了します」というprint出力を追加しています。

■ recipe_081_01.py

```python
def add_message(f):
    """ 関数の前後に開始・終了メッセージを追加する """
    def new_func():
        print("処理を開始します")
        f()
        print("処理を終了します")

    return new_func


def sample_func():
    """ 実行メッセージを表示するだけの関数 """
    print("sample_funcの処理を実行します")
```

〳〵

```
# sample_funcに対して処理を追加した関数を得る
decorated_func = add_message(sample_func)

# 処理を追加した関数を実行する
decorated_func()
```

▼ 実行結果

```
処理を開始します
sample_funcの処理を実行します
処理を終了します
```

　処理が追加された関数が得られたことが確認できます。このような引数や戻り値に関数オブジェクトを含むようなものを、高階関数と呼びます。特に注目していただきたいのが、元々の関数sample_funcの内部に全く手が加えられていない、という点です。高階関数を利用すると、関数の実行時間の計測や、上のようにログ出力を元の関数に変更なく追加したりすることができるようになります。

■ 高階関数からデコレータへ

　先ほどのサンプルの高階関数が理解できればデコレータは簡単です。ある関数に対し、常に指定した高階関数を呼び出すのがデコレータです。先ほどのコードをデコレータを使ったものに書き換えてみます。sample_func関数に対し、add_message関数で処理を書き換える場合、定義の上に「@処理を追加する高階関数名」を指定します。

```
def add_message(f):
    """ 関数の前後に開始・終了メッセージを追加する """
    def new_func():
        print("処理を開始します")
        f()
        print("処理を終了します")

    return new_func
```

```
# sample_funcに対して処理を追加
@add_message
def sample_func():
    """ 実行メッセージを表示するだけの関数 """
    print("処理を実行します")

# 処理を追加した関数を実行する
sample_func()
```

関数sample_funcを実行すると必ず開始、終了メッセージが出力されるようになります。

引数を伴うデコレータ

先ほどのサンプルでは引数なし、戻り値なしの関数でしか使用できないのですが、可変長引数と戻り値の設定により任意の関数でデコレータを利用することが可能です。

以下のコードでは、引数、戻り値ありの関数に対しても使用できるデコレータadd_messageを定義しています。また、引数に1を加算して返すadd_oneという関数に対してデコレータを使用しています。

■ recipe_081_02.py

```
def add_message(f):
    """ 関数の前後に開始・終了メッセージを追加する """
    def new_func(*args, **kwargs):
        print("処理を開始します")
        result = f(*args, **kwargs)
        print("処理を終了します")
        return result

    return new_func
```

```
# add_oneに対してデコレータで処理を追加
@add_message
def add_one(num):
    print("パラメータ:{}".format(num))
    return num + 1

# add_oneを実行
result = add_one(1)
print("戻り値:{}".format(result))
```

▼ 実行結果

```
処理を開始します
パラメータ:1
処理を終了します
戻り値:2
```

引数および戻り値ありの関数に対して、デコレータで処理を追加できたことが確認できます。

082 lambda式を使いたい

Syntax

```
lambda 引数: 戻り値
```

■ lambda式

lambda式とは、一時的に利用する無名関数を短く記述する方法です。以下のコードでは、引数で指定した値を★マークで装飾した文字列を返す関数を定義しています。

```
def func(x):
    return "★" + str(x) + "★"
```

これをlambda式を使用して書き直すと以下のようになります。

■ recipe_082_01.py

```
# 引数で指定した値を★マークで装飾した文字列を返す関数をlambdaで記述
func = lambda x: "★" + str(x) + "★"

# 関数を実行
print(func("バナナ"))
```

▼ 実行結果

```
★バナナ★
```

■ 高階関数との併用

lambda式は高階関数を利用する際によく使われます。例えば、map関数は第1引数に第2引数のシーケンス要素を処理する関数を指定する、高階関数の一種です。文字列リスト要素を先ほどと同様、装飾する処理をmapとlambda式で記述すると、次ページのようになります。

■ recipe_082_02.py

```
fruits_list = ["バナナ", "リンゴ", "みかん"]
for fruit in map(lambda x: "★" + str(x) + "★", fruits_list):
    print(fruit)
```

▼ 実行結果

```
★バナナ★
★リンゴ★
★みかん★
```

なお、lambda式を使わない場合は以下のようになります。

```
def tmp_func(x):
    return "★" + str(x) + "★"

for fruit in map(tmp_func, fruits_list):
    print(fruit)
```

083 ジェネレータを使いたい

Syntax

● ジェネレータ

構文	意味
yield 値	値を返す

● ジェネレータから値を取り出す

next(ジェネレータオブジェクト)

ジェネレータ

Pythonにはジェネレータという機能があります。ジェネレータを利用すると、関数の処理の途中で処理をいったん中断して値を返すことができ(これをyieldと呼びます)、その後必要に応じて処理を再開することが可能となります。

ジェネレータ関数の戻り値はgenerator型という変数です。本書では以降これをジェネレータオブジェクトと呼ぶことにします。ジェネレータオブジェクトは、next関数で次の値を取り出すことができます。

■ recipe_083_01.py

```python
def sample_generator():
    """ ジェネレータ関数 """
    print("処理開始")
    yield 'おはよう'
    print("処理再開")
    yield 'こんにちは'
    print("処理再開")
    yield 'こんばんば'

gen_obj = sample_generator() # ジェネレータオブジェクトを生成する
print(next(gen_obj))
print(next(gen_obj))
print(next(gen_obj))
```

▼ 実行結果

処理開始
おはよう
処理再開
こんにちは
処理再開
こんばんは

　nextで呼ばれるまで実行が中断されていることが確認できます。また、ジェネレータオブジェクトはイテレータの一種であるため、for文で繰り返し処理を行うことが可能です。先ほどのコードをfor文で記述すると以下のようになります。

```
gen_obj = sample_generator() # ジェネレータオブジェクトを生成する
for x in gen_obj:
    print(x)
```

■ ジェネレータの使いどころ

　この一風変わったジェネレータですが、利用するメリットは何でしょうか？　例として何項目まで使うかわからない数列をあらかじめ生成して、1つずつ取り出す処理ついて考えてみます。現実的に使う程度のサイズを見積もって大きなリストを作る方法が考えられますが、見積もりが悪ければサイズが不足したり、逆にほとんど使わないデータを確保し続けるため、メモリを無駄遣いしてしまうことになります。

　こんなときジェネレータを利用すると、使いたいところまで数列計算を実行することができます。以下のサンプルコードは、フィボナッチ数列をyieldで返すジェネレータ関数です（フィボナッチ数列とは初項 $f_0 = 0$ とその次の項 $f_1 = 1$ が与えられていた場合、$n \geqq 2$ での一般項が $f_n = f_{n-1} + f_{n-2}$ で定義される数列です）。

■ recipe_083_02.py

```python
def fibonacci_generator():
    f0, f1 = 0, 1
    while True:
        yield f0
        f0, f1 = f1, f0 + f1

fib_gen = fibonacci_generator()

# 10項目まで取り出す
for i in range(0, 10):
    num = next(fib_gen)
    print(num)
```

▼ 実行結果

```
0
1
1
2
3
5
8
13
21
34
```

084 アノテーションを使いたい

- 変数アノテーション

  変数名: 型 = 値

- 関数アノテーション

  def 関数名(引数: 'arg1の説明', arg2: 'arg2の説明', ……)->'戻り値の説明':

■ アノテーション

Pythonの変数は型宣言なしで記述できるため、変数がどういった型なのかが一読してわからないという問題があります。変数アノテーションを利用すると、利用する型をソースコードの読み手に伝えることができます。関数にも変数と同様にアノテーションをつけることができ、引数、戻り値の型などを記述することができます。ただし、アノテーションはあくまでも注釈であるため型チェックは行われません。型チェックを導入したい場合は、mypy等のサードパーティライブラリを使用してください。また変数アノテーションは、Python 3.6で導入された記法であるため、前方互換がなくなるという点に留意してください。

変数アノテーション

変数の定義時に変数名の後ろにコロンと変数の型を記述します。例えば、「変数valには整数のint型、変数textには文字列のstr型が代入されます」ということをアノテーションで表す場合は、以下のように記述します。

■ recipe_084_01.py

```
val: int = 100
text: str = "abcdefg"
```

関数アノテーション

関数アノテーションで関数の説明、引数、戻り値の型を記述することができます。

- 説明を記述する

アノテーション部分には文字列で説明を記述することができます。例えば、「この関数は第1引数に数値、第2引数に単位、戻り値に単位付き数値を返しますよ」ということをアノテーションで表す場合、次のページのように記述します。

```
def func(num: "数値", unit: "単位") -> "引数で指定された数値に単位をつけた
文字列を返す":
    return str(num) + unit

text = func(100, "円")
print(text)
```

- 型を記述する

　また、説明以外に型を記述することもできます。例えば、「この関数は第1引数がint、第2引数が
str、戻り値がstrですよ」ということをアノテーションで表す場合、以下のように記述します。

■ recipe_084_02.py

```
def func(num: int, unit: str) -> str:
    return str(num) + unit

text = func(100, "円")
print(text)
```

▼ 実行結果

```
100円
```

クラスとオブジェクト

Chapter

5

独自のオブジェクトを使いたい

● クラスの定義

```
class クラス名:
    def __init__(self, 引数):
        初期化処理

    def メソッド名(self, 引数):
        メソッドの処理
```

● クラスとオブジェクトの利用

構文	意味
クラス名(引数)	オブジェクトの生成
オブジェクト.インスタンス変数	インスタンス変数へのアクセス
オブジェクト.メソッド名(引数)	メソッドの呼び出し

■ オブジェクトの基本

以降の解説で使用するオブジェクトに関する用語について解説します。

オブジェクトとは

オブジェクトとはデータと機能がひとまとまりになったもので、変数に代入して扱うことができます。Pythonでは、変数として扱えるintやstr、dictなどはすべてオブジェクトで、あらかじめ利用できるオブジェクトであることから、ビルトインオブジェクト、もしくは組み込み型と呼ばれています。オブジェクトが持つデータのことをインスタンス変数と呼びます。また、オブジェクトが持つ関数のような機能のことをメソッドと呼びます。例えばdict型には値を取り出すgetメソッドがあります。

```
d = {"key1": 100, "key2": 200}
value = d.get("key1")
```

クラスとは

基本的なデータであればビルトインオブジェクトのみで問題ないのですが、複雑なデータを扱うようになると、データと機能をひとまとまりにした独自のオブジェクトを作りたくなります。このときオブジェクトの内容を定めた定義が必要になりますが、この定義を記述したものがクラスとなります。クラスからオブジェクトを作ることを、オブジェクトの生成やインスタンスの生成と呼びます。

■ 独自クラス

class文

Pythonでクラスを記述する場合はclass文を使用します。class文以下、クラスの定義の記述にインデントをつけます。

```
class クラス名:
    クラスの定義
```

初期化とメソッド

メソッドを記述する場合は関数と同様にdef文を使用します。通常、クラスには__init__という初期化用のメソッドを記述し、ここでインスタンス変数の定義等の初期化処理を記述します。メソッドの第1引数にはデフォルトで自動的に自身のオブジェクトが設定され、通常selfと記述します（注）。

● 初期化用メソッド

```
def __init__(self, 引数):
    self.インスタンス変数 = 初期値
```

● 通常のメソッド

```
def メソッド名(self, 引数):
    処理
```

オブジェクトの生成

クラスからオブジェクトを生成する場合、クラス名に引数を指定します。この引数は初期化処理の引数となります。

```
変数 = クラス名(引数)
```

注：メソッドにはインスタンスメソッド、クラスメソッド、スタティックメソッドの3種類があります。この項で解説したメソッドはインスタンスメソッドなのですが、その他のメソッドは第1引数に自身のオブジェクトが設定されません。詳しくは「088 メソッドの種類が知りたい」を参照してください。

メソッドの呼び出し

メソッドを呼び出す場合は、オブジェクトを格納した変数にドットでメソッド名をつなげて呼び出します。

変数.メソッド(引数)

インスタンス変数へのアクセス

インスタンス変数にアクセスする場合は、オブジェクトを格納した変数にドットでインスタンス変数をつなげてアクセスします。

変数.インスタンス変数

■ 独自クラスの利用例

具体例として、会員サイトでユーザのデータを扱うためにUser型のオブジェクトを使用することを考えてみます。ユーザはデータとして、つまりインスタンス変数として以下を持つものとします。

▸ **名前**
▸ **メールアドレス**

また機能として、つまりメソッドとして以下を持つものとします。

▸ **ユーザ情報をprint出力**

以下のコードでは、UserクラスからUser型のオブジェクトを生成し、メソッドを使用してユーザ情報をprint出力しています。

■ **recipe_085_01.py**

```python
# クラス定義
class User:
    """ ユーザクラス """

    def __init__(self, name, mail):
        """ 初期化処理 """
```

独自のオブジェクトを使いたい

```python
        self.mail = mail
    def print_user_info(self):
        """ ユーザ情報をprint出力する """
        print("ユーザ名:" + self.name)
        print("メールアドレス:" + self.mail)

# User型オブジェクト生成
user1 = User("Suzuki", "suzuki@example.com")

# インスタンス変数参照
print(user1.name)

# メソッド利用
user1.print_user_info()

# インスタンス変数を更新する
user1.name = "Sato"
user1.mail = "sato@example.com"

# メソッド利用
user1.print_user_info()
```

▼ 実行結果

```
Suzuki
ユーザ名:Suzuki
メールアドレス:suzuki@example.com
ユーザ名:Sato
メールアドレス:sato@example.com
```

クラスを継承したい

```
class クラス名(継承元クラス):
    def __init__(self, 引数)
        super().__init__(引数)
        初期化処理
```

■ クラスの継承

クラスには継承という概念があります。継承を利用すると、あるクラスを定義する際に他のクラスのデータや機能を引き継ぎ、さらに追加することが可能となります。継承元のクラスをスーパークラス、継承して作ったクラスをサブクラスと呼びます。Pythonで継承する場合は、クラス名の右に継承元クラスを丸括弧で囲みます。

初期化

サブクラスの__init__で、サブクラス独自のインスタンス変数の設定や初期化処理を行うことができます。また、サブクラス独自にインスタンス変数追加し、スーパークラスの__init__で定義されたインスタンス変数も併用する場合は、__init__の処理の最初にスーパークラスの__init__の呼び出しが必要となります。

クラスの継承例

例として、「085　独自のオブジェクトを使いたい」で使用したユーザクラスの継承について考えてみます。あるサイトでは生徒役のユーザがいて、以下のデータや機能を持つものとします。

▸ **生徒には学年が設定されている**
▸ **生徒には問題を回答する機能がある**
▸ **生徒には学年を回答する機能がある**

以下コードはユーザクラスを継承した生徒クラスの例です。メソッドはダミーとしてprintで文字列を出力することにします。

■ recipe_086_01.py

```
class User:
    """ ユーザクラス """

    def __init__(self, name, mail):
```

```
        self.mail = mail

    def print_user_info(self):
        print("ユーザ名:" + self.name)
        print("メールアドレス:" + self.mail)


class StudentUser(User):
    def __init__(self, name, mail, grade):
        super().__init__(name, mail)
        self.grade = grade

    def answer_question(self):
        print("問題を回答します")

    def print_grade(self):
        print(str(self.grade) + "年生です")

# StudentUserオブジェクト生成
student = StudentUser("Suzuki", "suzuki@example.com", 3)

# Userのメソッド実行
student.print_user_info()

# StudentUserのメソッド実行
student.answer_question()
student.print_grade()
```

▼ 実行結果

```
ユーザ名:Suzuki
メールアドレス:suzuki@example.com
問題を回答します
3年生です
```

Userクラスのメソッドと新たに実装した生徒クラスのメソッドが使用できることが確認できます。

087 クラス変数を使いたい

```
class クラス名():

    クラス変数1 = 値
    クラス変数2 = 値
      ⋮
```

━ クラス変数

　「085　独自のオブジェクトを使いたい」で解説したインスタンス変数以外に、クラス変数というものを定義することができます。クラス変数は、オブジェクト生成しなくても利用できるクラスに属する変数のことです。インスタンス変数と異なり、class文ブロックの直下に変数定義を記述します。

■ recipe_087_01.py

```
class Sample():
    class_val1 = 1
    class_val2 = 2

    def __init__(self):
        pass

print(Sample.class_val1, Sample.class_val2)
```

▼ 実行結果

```
1 2
```

　上のサンプルでは、Sampleクラスのオブジェクトを生成することなく、変数を参照することができていることが確認できます。

━ クラス変数の変更

　クラス変数は代入により変更することができます。

■ recipe_087_02.py

```
# 前のコードの続き
Sample.class_val2 = 999
print(Sample.class_val1, Sample.class_val2)
```

▼ 実行結果

```
1 999
```

━ インスタンス生成時のクラス変数

インスタンスを生成すると、インスタンスからでもクラス変数へアクセスが可能です。ただし、代入しようとすると新たにインスタンス変数が設定され、インスタンスからクラス変数にはアクセスできなくなってしまうので注意してください。

■ recipe_087_03.py

```
# 前のコードの続き
s = Sample()

# クラス変数が参照できる
print(s.class_val1, s.class_val2)

# 代入しようとする
s.class_val1 = 100

# 新たにインスタンス変数class_val1が設定される
print(s.class_val1, Sample.class_val1)
```

▼ 実行結果

```
1 999
100 1
```

088　メソッドの種類が知りたい

Syntax

メソッドの種類	定義	呼び出し
インスタンス メソッド	`def メソッド名(self, 引数)`	オブジェクト.メソッド (引数)
クラスメソッド	`@classmethod` `def メソッド名(cls, 引数):`	クラス.メソッド (引数)
スタティック メソッド	`@staticmethod` `def メソッド名(引数):`	クラス.メソッド (引数)

メソッドの種類

インスタンスメソッド

インスタンスメソッドとは、「085　独自のオブジェクトを使いたい」で説明した生成したオブジェクトから実行できるメソッドです。インスタンス変数およびクラス変数にアクセスすることが可能です。

クラスメソッド

クラスメソッドとは、インスタンスを生成することなくアクセスできるメソッドのことです。クラス変数にアクセスすることが可能です。インスタンス変数にはアクセスできません。クラスメソッドを定義する場合、@classmethodデコレータを付加します。また、第1引数にクラスオブジェクトが自動で設定されます。第1引数はclsと記述するのが一般的です。

スタティックメソッド

スタティックメソッドとはクラスメソッドと同様、インスタンスを生成することなくアクセスできるメソッドのことですが、インスタンス変数にもクラス変数にもアクセスすることができません。スタティックメソッドを定義する場合、@staticmethodデコレータを付加します。実質的には関数と同じようなもので、関数を適当なクラスに属させたほうが設計上望ましい場合に使用します。

各種メソッドの呼び出し例

次のページのコードでは、上で説明した3種類のメソッドを実装したクラスが記述されています。

■ recipe_088_01.py

```python
class Sample():
    class_val1 = 1

    def __init__(self, val1):
        self.instance_val1 = val1

    def instance_method(self):
        print(self.class_val1, self.instance_val1)

    @classmethod
    def class_method(cls):
        print(cls.class_val1)

    @staticmethod
    def static_method():
        local_val = 100
        print(local_val)


# インスタンスメソッドの呼び出し
s = Sample(10)
s.instance_method()
# クラスメソッドの呼び出し
Sample.class_method()
# スタティックメソッドの呼び出し
Sample.static_method()
```

▼ 実行結果

```
1 10
1
100
```

089 プライベートな変数や メソッドを定義したい

Syntax

- プライベートなインスタンス変数

```
def __init__(self, 引数1, 引数2, , ,)
    self.__変数名 = 初期値
```

- プライベートなメソッド

```
def __メソッド名(self, 引数1, 引数2, , ,):
    処理
```

■ 変数やメソッドの隠蔽

チーム開発でオブジェクト指向で実装するときなど、変数・メソッドを外部から触らせないようにしたい場合があります。Pythonでは、変数やメソッドの頭にアンダーバーを2つつけることにより、外部からのアクセスを抑制することができます。以下のコードでは、Sampleクラスのプライベートなメンバとして、__instance_val1という変数と__private_methodというメソッドを定義しています。

```python
class Sample():
    def __init__(self, val1):
        self.__instance_val1 = val1

    def __private_method(self):
        print(self.__instance_val1)
```

このクラスを生成して__instance_valにアクセスしてみます。

■ recipe_089_01.py

```python
s = Sample(10)
print(s.__instance_val1)
```

▼ 実行結果

```
AttributeError: 'Sample' object has no attribute '__instance_val1'
```

同様に、インスタンスを生成して変数にアクセスするとAttributeErrorが発生します。以下のように、メソッドを呼び出しても同様にAttributeErrorが発生します。

■ recipe_089_02.py

```
s = Sample(10)
s.__private_method()
```

▼ 実行結果

```
AttributeError: 'Sample' object has no attribute '__private_method'
```

Column

マングリング

実はPythonでは完全に変数やメソッドを隠蔽する方法は存在しません。以下の方法よりアクセスできてしまいます。

```
s = Sample(10)
print(s._Sample__instance_val1)
```

厳密にはマングリングと呼ばれるサポート機構であり、他の言語のprivate変数とは仕組みが異なります。以下の公式ドキュメントも併せて参照してください。

● マングリング

https://docs.python.org/ja/3/tutorial/classes.html#private-variables

171

090 オブジェクトの文字列表現を定義したい

Syntax

- オブジェクトの文字列表現の定義
▶ 表示用文字列

```
def __str__(self):
    return 表示用文字列
```

▶ オブジェクト情報を表した文字列

```
def __repr__(self):
    return オブジェクト情報
```

- オブジェクトの文字列表現を取得する

関数	戻り値
str(変数)	オブジェクトの表示用文字列
repr(変数)	オブジェクト情報を表した文字列

■ オブジェクトの文字列表現

独自のクラスからオブジェクトを生成した場合、print出力をすると<xxxx.クラス名 object at ……>という文字列が出力されます。こういったオブジェクト情報を表した文字列のことを、文字列表現と呼びます。Pythonには文字列表現がstrとreprの2種類あります。strは表示用の簡易版文字列表現、reprはオブジェクト情報を表した正式版という位置づけになっています。

■ オブジェクトの文字列表現の実装

独自のクラスに文字列表現を実装する場合、特殊メソッド__str__、__repr__を実装します。「085 独自のオブジェクトを使いたい」で使用したユーザクラスに文字列表現を実装してみます。

文字列表現 str

__str__メソッドで実装します。また、文字列表現を得る場合はstr関数で呼び出します。なお、print関数を利用する場合はstr関数の呼び出しは省略できます。

文字列表現 repr

__repr__メソッドで実装します。また、文字列表現を得る場合はrepr関数で呼び出します。公式ドキュメントでは「同じ値のオブジェクトを再生成するのに使える、有効なPython式のようなもの」が推奨されています。

■ recipe_090_01.py

```python
class User:
    def __init__(self, name, mail):
        self.name = name
        self.mail = mail

    def __str__(self):
        return "ユーザ名:" + self.name + ", メールアドレス:" + self.mail

    def __repr__(self):
        return str({'name': self.name, 'age': self.mail})


user = User("Suzuki", "suzuki@example.com")
print(user)
print(repr(user))
```

▼ 実行結果

```
ユーザ名:Suzuki, メールアドレス:suzuki@example.com
{'name': 'Suzuki', 'age': 'suzuki@example.com'}
```

なお、__repr__のみ実装した場合、strを呼び出すと__repr__が実行されます。

091 オブジェクトが持つ 変数やメソッドを調べたい

Syntax

関数	戻り値
dir(変数)	変数が持つ属性がリストとして返される
hasattr(変数, "属性の文字列")	変数が指定した属性を持つ場合Trueが返される

■ オブジェクトが持つ属性を調べる

Pythonは一部のオブジェクトを除き、動的に構成を変更することが可能であるため、オブジェクトがどういった変数、メソッドを保持しているのかがわからない場合があります。

dir関数

あるオブジェクトがどういった属性を保持しているか調べたい場合、dir関数により属性の一覧をリストで得ることが可能です。

■ recipe_091_01.py

```python
class Sample:
    def __init__(self, x, y):
        self.x = x
        self.y = y

s = Sample(1, 2)
print(dir(s))
```

▼ 実行結果

```
['__class__', '__delattr__', '__dict__', '__dir__', '__doc__',
'__eq__', '__format__', '__ge__', '__getattribute__', '__gt__',
'__hash__', '__init__', '__init_subclass__', '__le__', '__lt__',
'__module__', '__ne__', '__new__', '__reduce__', '__reduce_ex__',
'__repr__', '__setattr__', '__sizeof__', '__str__', '__
subclasshook__', '__weakref__', 'x', 'y']
```

hasattr関数

あるオブジェクトが目的の属性を保持しているかどうかだけ調べたい場合、hasattr関数を使用します。属性を保持している場合はTrue、していない場合はFalseが返されます。

■ **recipe_091_02.py**

```python
# 前のコードの続き
print(hasattr(s, 'x'))
print(hasattr(s, 'z'))
```

▼ 実行結果

```
True
False
```

092 変数の型を調べたい

Syntax

関数	戻り値
type(変数)	引数で指定した変数の型が返される
isinstance(変数，型)	変数が指定した型もしくはそのサブクラスの場合、Trueが返される

━ 変数の型チェック

Pythonは型宣言がないため、関数の引数や戻り値の型が実行するまでわからない場合がありますが、組み込みのtype関数やisinstance関数で型を調べることが可能です。

type関数

type関数は引数に指定した変数の型を返します。以下のコードでは、さまざまな変数の型をprint出力しています。

■ recipe_092_01.py

```python
x = 100
print(type(x))

l = [1, 2, 3]
print(type(l))

text = "abc"
print(type(text))

class Sample:
    pass


s = Sample()
print(type(s))
```

▼ 実行結果

```
<class 'int'>
<class 'list'>
<class 'str'>
<class '__main__.Sample'>
```

isinstance関数

isinstance関数は、第1引数に指定した変数が第2引数で指定した型かどうかを判定します。結果はbool型で得ることができます。

■ recipe_092_02.py

```
x = 100
print(isinstance(x, int))

l = [1, 2, 3]
print(isinstance(l, int))

class Sample:
    pass

s = Sample()
print(isinstance(s, Sample))
```

▼ 実行結果

```
True
False
True
```

━ isinstanceとtypeの挙動の違い

typeを==演算子で比較した場合は、スーパークラスとサブクラスは異なるものという扱いとなります。一方、isinstance関数は、サブクラスから生成したオブジェクトはスーパークラスと同じ型であると判定されます。

■ recipe_092_03.py

```
class Sample1():
    """ スーパークラス """
    pass


class Sample2(Sample1):
    """ Sample1のサブクラス """
    pass
```

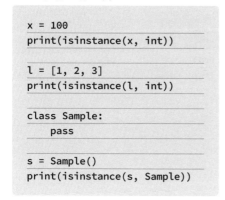

```
obj1 = Sample1() # Sample1型のオブジェクトを生成する
obj2 = Sample2() # Sample2型のオブジェクトを生成する

print(" ----- isinstanceによる比較結果 ----- ")
print(isinstance(obj1, Sample1)) # True
print(isinstance(obj1, Sample2)) # False
print(isinstance(obj2, Sample1)) # True
print(isinstance(obj2, Sample2)) # True

print(" ----- Typeの結果比較 ----- ")
print(type(obj1) == Sample1) # True
print(type(obj1) == Sample2) # False
print(type(obj2) == Sample1) # False
print(type(obj2) == Sample2) # True
```

▼ 実行結果

```
 ----- isinstanceによる比較結果 -----
True
False
True
True

 ----- Typeの結果比較 -----
True
False
False
True
```

isinstanceを使用した場合、Sample2型はSample1型とみなされることが確認できます。

例外

093 例外を処理したい

```
try:
    例外が発生しうる処理
except 例外クラス:
    例外処理
```

例外の発生

プログラミング実行中に例外と呼ばれるエラーが発生する状況があります。例えば、以下のコードのように割り算の処理を実行する際、除数が0だと計算できないためZeroDivisionErrorという例外が発生し、処理が中断されます。

■ recipe_093_01.py

```
def div_num(a, b):
    """ 割り算結果をprint出力する関数 """
    val = a/b
    print(val)

div_num(8, 2)
div_num(7, 0)
div_num(5, 2)
```

▼ 実行結果

```
4.0
Traceback (most recent call last):
  File ..., line N, in <module>
  File ...", line N, in div_num
ZeroDivisionError: division by zero
```

上のサンプルコードでは、2番目の呼び出しでZeroDivisionErrorが発生し処理が中断されたため、3番目のprint関数が実行されません。

180

■ 例外の捕捉

　例外が発生すると途中でプログラムが中断されますが、発生した例外を捕捉すると例外発生時に適切に処置を行いプログラムを続行させたり、例外が発生したことを通知したりすることができます。例外の捕捉にはtry……exceptを使用します。try以降のブロックで例外が発生しうる箇所を囲み、exceptでは発生しうる例外の種類に応じた例外クラスを指定すると、それ以降のブロックで例外処理を行うことができます。

　以下のコードは、先ほどのサンプルコードで例外が発生する箇所に対して例外を捕捉したものです。

■ recipe_093_02.py

```python
def div_num(a, b):
    try:
        val = a/b
        print(val)
    except ZeroDivisionError:
        print("ゼロで除算を行おうとしています。処理を行いません。")

div_num(8, 2)
div_num(7, 0)
div_num(5, 2)
```

▼ 実行結果

```
4.0
ゼロで除算を行おうとしています。処理を行いません。
2.5
```

　なお、exceptの後ろにある例外クラスは省略することもでき、この場合はシステム終了等の特殊な例外以外、ほとんどの例外が捕捉されます。

094 例外の種類が知りたい

● 例外クラスの例

例外クラス	意味
AttributeError	存在しない属性を指定した場合に発生
IndexError	存在しない範囲のインデックスを指定した場合に発生
KeyError	存在しないキーを指定した場合に発生
TypeError	不正な型を指定した場合に発生
ValueError	不正な値を指定した場合に発生
ZeroDivisionError	ゼロ除算しようとした場合に発生
BaseException	すべての例外のスーパークラス
Exception	システム終了以外のすべての組み込み例外のスーパークラス

さまざまな組み込みの例外クラス

Pythonには組み込みでさまざまな例外が用意されています。基本的なコードでよく発生しうる例外を
ピックアップして紹介します。

AttributeError

オブジェクトに存在しない属性を指定した場合に
発生します。右のコードでは、str型のaという属性を
指定していますが、aという属性は存在しないため
AttributeErrorが発生します。

```
# AttributeError発生例
text = "abcedfg"
x = text.a
```

IndexError

リストなどのシーケンスで存在しないインデックスを
指定すると発生します。右のコードでは、リストの0か
ら数えて3番目の要素を取り出そうとしていますが、2
番目までしかないためIndexErrorが発生します。

```
# IndexErrorの発生例
l = [0, 1, 2]
x = l[3]
```

KeyError

辞書などのマッピング型で指定したキーが存在しない場合に発生します。次ページのコードでは、辞
書に対してkey3というキーを指定して値を取り出そうとしていますが、キーが存在しないためKeyError
が発生します。

```
# KeyErrorの発生例
d = {"key1": 100, "key1": 200}
x = d["key3"]
```

TypeError

数値型を引数とする関数に対して文字列を指定するなど、サポートされていない型を指定するとTypeErrorが発生します。右のコードでは、引数で指定したシーケンスの要素数を返すlen関数に対し、引数にint型を指定しているためTypeErrorが発生します。

```
# TypeErrorの発生例
x = len(3)
```

ValueError

引数の型が正しいものの、値が不正な場合に発生します。右のコードでは、int()に対して文字列を指定していますが、数値への変換ができない文字列を指定しているためValueErrorが発生します。

```
# ValueErrorの発生例
x = int("one")
```

ZeroDivisionError

ゼロで除算しようとすると発生します。

```
x = 3 / 0
```

■ 例外の親子関係

例外クラスは、BaseExceptionという例外を頂点に継承により親子関係となっています。通常の例外は、BaseExceptionのサブクラスExceptionから派生しており、上で挙げた例外はすべてExceptionのサブクラスで、右図のような継承関係となっています。

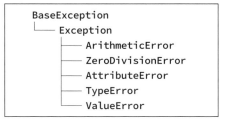

```
BaseException
└── Exception
        ├── ArithmeticError
        ├── ZeroDivisionError
        ├── AttributeError
        ├── TypeError
        └── ValueError
```

BaseExceptionで例外捕捉するとすべての例外を捕捉できますが、システム終了、割り込みキーといった特殊な例外まで捕捉されるため、Exceptionやそこから派生した例外を使用することが一般的です。

095 複数の例外を処理したい

```
Syntax
```

```
try:
    処理
except 例外クラス1:
    例外処理
except 例外クラス2:
    例外処理
```

― 複数の例外の捕捉

exceptは複数記述することが可能です。以下の割り算をする関数のサンプルでは、引数が文字列など計算できない場合、第2引数が0の場合で例外を捕捉しています。

■ recipe_095_01.py

```python
def div_num(a, b):
    try:
        val =  a/b
        print(val)
    except TypeError:
        print("演算できない引数が指定されました。処理を行いません。")
    except ZeroDivisionError:
        print("ゼロで除算を行おうとしています。処理を行いません。")
    except Exception:
        print("不明な例外が発生しました。")

div_num("abcdefg", 2)
div_num(7, 0)
```

▼ 実行結果

```
演算できない引数が指定されました。処理を行いません。
ゼロで除算を行おうとしています。処理を行いません。
```

なお、例外クラスは継承関係があり、スーパークラスの例外を先に記述すると、そこでサブクラスの例外も捕捉されてしまいます。このため、継承関係がある場合はサブクラスの例外から記述します。前記のサンプルでは、例外のスーパークラスのExceptionを最後に記述していますが、これをTypeErrorやZeroDivisionErrorより上に記述することは不適切です。

例外捕捉箇所の終了処理を
制御したい

```
try:
    処理
except 例外クラス:
    例外処理
else:
    正常終了時の処理
finally:
    終了時に常に行う処理
```

elseとfinally

Pythonの例外処理には、else文により正常終了時のみ実行する処理を記述することができます。また、finallyで処理が正常に終了したかどうかにかかわらず、実行したい処理を記述することができます。

■ recipe_096_01.py

```python
def div_num(a, b):
    try:
        val =  a/b
        print("割り算結果:{}".format(val))
    except:
        print("例外が発生しました。")
    else:
        print("処理が正常に終了しました。")
    finally:
        print("処理が終了しました。")


print('----- 正常処理の場合 -----')
div_num(4, 2)
print('----- 例外発生の場合 -----')
div_num(10, 0)
```

▼ 実行結果

```
----- 正常処理の場合 -----
割り算結果:2.0
処理が正常に終了しました。
処理が終了しました。
----- 例外発生の場合 -----
例外が発生しました。
処理が終了しました。
```

097

捕捉した例外を
変数として扱いたい

構文	意味
except 例外クラス as 変数:	捕捉した例外を変数に格納

■ asによる例外オブジェクト格納

例外捕捉箇所でasを使用すると、指定した変数に例外オブジェクトを格納することができます。eという変数名がよく使用されます。以下のコードでは、発生した例外オブジェクトをprint出力しています。

■ recipe_097_01.py

```python
def div_num(a, b):
    try:
        val = a/b
        print(val)
    except Exception as e:
        print(e)

div_num("abcdefg", 2)
div_num(7, 0)
```

▼ 実行結果

```
unsupported operand type(s) for /: 'str' and 'int'
division by zero
```

098 例外を発生させたい

Syntax

構文	意味
raise 例外クラス もしくは例外オブジェクト	指定した種類の例外を発生

■ 例外を発生させる

raise文で例外を発生させることができます。raiseで指定できる例外は、Exceptionを継承した例外クラスと例外オブジェクトとなります。例外オブジェクトは例外クラスをインスタンス化したものです。ほとんどの例外は、第1引数にメッセージを指定することが可能です。

■ 例外オブジェクト

以下のコードは、引数に数値型を想定している関数で、数値型以外の引数が指定された場合に例外を発生させています。

■ recipe_098_01.py

```python
import numbers
def calc10times(num):
    if not isinstance(num, numbers.Number):
        raise TypeError('パラメータが不正です')

    return num * 10

val = calc10times(10)
print(val)
val = calc10times('abc')
print(val)
```

▼ 実行結果

```
100
TypeError: パラメータが不正です
```

整数を10倍する関数を2回実行しています。2回目は数値以外なので例外が発生しています。

```
try:
    処理
except 例外クラス as e:
    例外処理
    raise e
```

例外の再送出

例外が発生した際に何かしらの処理をした後、処理を停止させたり呼び出し元で再び例外処理をしたい場合は、例外を再送出させます。except～asで捕捉した例外オブジェクトを、raiseを使用して再送出することができます。

以下のコードでは、関数内部で発生した例外を捕捉し、呼び出し元で処理するようメッセージを出し再送出しています。

■ recipe_099_01.py

```
def div_num(a, b):
    try:
        val = a/b
        print(val)
    except Exception as e:
        print("例外が発生しました。呼び出し元で処理してください。")
        raise e

div_num(7, 0)
```

▼ 実行結果

```
例外が発生しました。呼び出し元で処理してください。
ZeroDivisionError: division by zero
```

例外を捕捉した後、再送出されたことが確認できます。

100 例外の詳細情報を取得したい

Syntax

● tracebackモジュールのインポート

```
import traceback
```

関数	戻り値
traceback.format_exc()	発生した例外の詳細情報の文字列

─ TraceBack

　try文で例外処理は施したものの、どういった原因かを調査するために例外情報をログなどに出力したい場合がありますが、そうった情報は標準ライブラリのtracebackモジュールで取得することが可能です。以下のコードでは、捕捉した例外の詳細情報をprint出力しています。

■ recipe_100_01.py

```
import traceback

try:
    x = 1/0
except Exception as e:
    # 文字列を取得する format_exc関数
    print("エラー情報¥n" + traceback.format_exc())
```

▼ 実行結果

```
エラー情報
Traceback (most recent call last):
  File "xxxx.py", line N, in <module>
    x = 1/0
ZeroDivisionError: division by zero
```

　発生した例外の種類、発生箇所が出力されます。

101 アサートを使いたい

Syntax

構文	意味
assert 条件式, メッセージ	条件式が偽の場合、メッセージを出力して AssertionError発生

■ アサーション

実行時に想定している条件が満たされていない場合、例外を発生させて処理を中断する機能をアサーションと呼び、不具合の発見に役立てることができます。Pythonでアサーションを使用する場合assert文を使用します。

以下のコードは2つの数の絶対値の和を求める関数が記述されています。関数内部に結果の妥当性を検証するアサーションが実装されています。

■ recipe_101_01.py

```python
def sum_abs(x, y):
    """ 2つの数の絶対値の和を求める（バグあり） """
    val = abs(x) + y
    assert val >= 0, "計算結果がマイナスです"
    return val

val1 = sum_abs(-200, 100)
print(val1)
val2 = sum_abs(100, -200)
print(val2)
```

▼ 実行結果

```
300
AssertionError: 計算結果がマイナスです
```

2つの数の絶対値の和を求める処理を実装したはずですが、第2引数に対して絶対値をつけていません。あらかじめ期待する値をアサーションで検査していたため、AssertionErrorで不具合が判明しています。

実行制御

102 実行時に引数を指定したい

Syntax

```
import sys
sys.argv
```

■ 実行引数

Pythonスクリプトの実行時に指定されたコマンドライン引数を使用する場合、sysモジュールのargvを利用します。argvはリスト型で、実行時に指定されたコマンドライン引数が文字列として格納されます。ただしリストの0番目にはスクリプト名が格納されます。以下のコードは、実行時パラメータを0から数えて2番目まで表示しています。

■ args_sample.py

```
from sys import argv
print(argv[0])
print(argv[1])
print(argv[2])
```

▼ 実行結果

```
> python args_sample.py val1 val2
'args_sample.py'
'val1'
'val2'
```

■ コマンドライン引数の数のチェック

上のプログラムでは、引数が不足するとlist index out of rangeというエラーが発生します。こういったエラーを防止するため、通常、処理前に引数をチェックします。lenを使用すると引数の数のチェックをすることができます。次ページのコードでは、先ほどのコードの処理に加え、引数の数が2つ以下の場合は処理を中断するようにしています。

■ **args_sample2.py**

```python
from sys import argv
if 3 <= len(argv):
    print(argv[0])
    print(argv[1])
    print(argv[2])
else:
    print("引数を3つ指定してください。")
```

引数を1つだけ指定して上のコードをスクリプトとして実行すると、以下のような結果が得られます。

▼ **実行結果**

```
> python args_sample2.py val1
引数を3つ指定してください。
```

103 終了ステータスを設定したい

Syntax

```
import sys
sys.exit(終了ステータス)
```

終了ステータスの設定

sysモジュールのexit()を使用すると、そこで処理を終了し終了ステータスを設定することが可能です。

■ exit_sample.py

```
import sys

print("処理を開始します")
print("処理を終了します")
sys.exit(1)
```

以下はUnix系のOSのコマンドラインで実行した結果です。実行後、終了ステータスに1が設定されていることが確認できます。

▼ 実行結果

```
$ python exit_sample.py
処理を開始します
処理を終了します
$ echo $?
1
```

Windows系の場合は以下のコマンドで終了ステータスを確認してください。

■ コマンドプロンプトで実行する場合

```
> echo %ERRORLEVEL%
```

■ PowerShellで実行する場合

```
> echo $LastExitCode
```

104 キーボードからの 入力値を取得したい

```
変数 = input()
```

キー入力の取得

組み込み関数のinput()を使用すると、キーボードからの入力値を文字列として取得することができます。以下のコードはキーボードからの入力を変数cに格納し、print出力しています。

■ recipe_104_01.py

```
c = input()
print(c + " が入力されました")
```

while文を組み合わせると、インタラクティブな入力待ちを実装することができます。以下のコードは"end"という文字列が入力されるまで入力待ちを行い、入力されると入力値をprintで出力します。

■ recipe_104_02.py

```
enterd = True  # ループ処理を続行するかどうかのフラグ

while enterd:
    print('キーを入力してください')
    c = input()

    if c == 'end':
        enterd = False
    else:
        print(c + ' が入力されました')
```

105 処理をスリープしたい

Syntax

```
import time
time.sleep(秒数)
```

処理のスリープ

　処理を一定時間停止することをスリープと呼びます。timeモジュールのsleepを使用すると、引数で指定した秒数処理をスリープすることができます。また小数点を指定することでミリ秒のスリープも可能です。以下のコードでは3秒、0.5秒のスリープ処理を行っています。

■ recipe_105_01.py

```
import time

print("処理開始")
time.sleep(3)
print("処理中...")
time.sleep(0.5)
print("処理終了")
```

106 環境変数を取得したい

Syntax

```
import os
変数 = os.environ[環境変数]
```

― 環境変数

　本番と開発環境でDBの接続先などを変えたい場合、環境変数を使う方法が挙げられます。環境変数は、osモジュールのos.environに辞書形式で取得可能です。辞書形式でdictと同様に変数名をキーで指定するか、getメソッドを使用することができます。以下のコードでは、環境変数APP_ENVの値を変数app_envに格納し、その値によりif文で処理を分岐させています。

■ env_sample.py

```python
import os

app_env = os.environ.get("APP_ENV")
if app_env == 'DEV':
    print("開発環境で実行します")
elif app_env == 'PROD':
    print("本番環境で実行します")
else:
    print("適切な環境変数が設定されていません。")
```

　Unix系の環境でexportにより環境変数を設定すると、右のような結果が得られます。

▼ 実行結果

```
$ export APP_ENV=PROD
$ python env_sample.py
本番環境で実行します
$ export APP_ENV=DEV
$ python env_sample.py
開発環境で実行します
$ export APP_ENV=
$ python env_sample.py
適切な環境変数が設定されていません。
```

Windows系の場合は以下の通り設定し実行すると、同様の出力を得ることができます。

■ **コマンドプロンプトで実行する場合**

```
> set APP_ENV=DEV
```

■ **PowerShellで実行する場合**

```
> $env:APP_ENV="DEV"
```

開発

Chapter

8

107 独自のモジュールを使いたい

■ 独自モジュールの作成

　Pythonスクリプトは、実行ディレクトリ配下に配置するだけで、モジュールとして別のスクリプトから読み込みが可能となります。実際にモジュールを作成してみましょう。まず、mod1.pyという名前のPythonスクリプトを作成します。mod1.pyにはprint出力するだけの関数と変数が1つ実装されています。

■ mod1.py

```python
text = "mod1.pyの変数です"

def sample_func():
    print('関数sample_funcが呼び出されました')
```

　次に、同じディレクトリにmain.pyという実行スクリプトを作成し、先ほど作ったmod1モジュールを呼び出してみます。といってもimport文で指定するだけです。

■ main.py

```python
import mod1

# mod1の関数sample_funcを呼び出し
mod1.sample_func()

# mod1の変数 textにアクセス
print(mod1.text)
```

　ファイルの配置関係は以下のようになります。

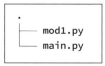

```
.
├── mod1.py
└── main.py
```

▼ 実行結果

```
関数sample_funcが呼び出されました
mod1.pyの変数です
```

　このように、Pythonスクリプトはモジュールとしてimportすることにより、別のPythonスクリプトから呼び出すことが可能となります。

108 モジュールを
パッケージ化したい

Syntax

● ポイント

```
__init__.pyの配置
```

■ パッケージ化

　いくつかのPythonスクリプトをモジュールとして使用する際、それらをまとめたディレクトリに__init__.
pyというファイルを配置するとパッケージとしてimportできるようになります（厳密にはPython 3.3以降
から__init__.pyがなくてもimport自体はできるのですが、一部のライブラリのパッケージ探索処理が正
しく動作しない等のトラブルがあるため、基本的には__init__.pyを配置することをおすすめします）。

　実際にmypkgというパッケージを作りmain.pyというスクリプトから呼び出してみましょう。mypkgとい
うディレクトリの中に、mod1.py、mod2.pyというモジュールを作成し、__init__.pyという空ファイルを
作成するとmypkgをパッケージとして扱うことができます。

■ mod1.py

```
def func1():
    print('func1が呼び出されました')
```

■ mod2.py

```
class MyClass():
    def method2(self):
        print('method2が呼び出されました')
```

main.pyというスクリプトを作成し、作ったパッケージを呼び出してみます。

■ main.py

```
# main.py
from mypkg import mod1, mod2

mod1.func1()
mod2.MyClass().method2()
```

ファイルの配置関係は以下のようになります。

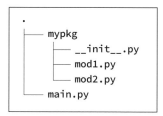

```
.
└── mypkg
    ├── __init__.py
    ├── mod1.py
    └── mod2.py
└── main.py
```

▼ 実行結果

```
func1が呼び出されました
method2が呼び出されました
```

__init__.pyのカスタマイズ

先ほど空のファイルだった__init__.pyですが、以下のように追記すると、パッケージ名からドットつなぎで呼び出すことが可能となります。

■ __init__.py

```
from mypkg import mod1
from mypkg import mod2
```

呼び出し側では以下のように記述することができます。

■ main.py

```
import mypkg

mypkg.mod1.func1()
mypkg.mod2.MyClass().method2()
```

205

スクリプトとして 直接実行したときのみ 処理を行いたい

構文	意味
`if __name__ == '__main__':`	if文以下、スクリプトとして直接実行したときのみ処理を実行

■ 特殊変数__name__

Pythonには特殊変数と呼ばれるものがあり、「__名前__」の形をしています。特殊変数__name__には、Pythonファイルごとにそのファイル名が格納されるのですが、pythonコマンドから直接実行されたモジュールのみ__main__という名前が格納されます。

■ スクリプトとして直接実行されたときのみ実行する

Pythonのスクリプトは、直下に記述した処理（関数やクラスに属しない処理）はimportしただけで実行されてしまいます。例えば、直下に関数mainの呼び出しが記述されている以下のスクリプトは、別のスクリプトがimportしただけで関数mainが実行されてしまいます。

■ mod1.py

```
def main():
    print("mod1処理実行")


main()    # importされるとここの処理が実行されてしまう
```

実際、以下のような別のスクリプトからimportしただけでmain関数の処理が実行されてしまいます。

■ sample.py

```
import mod1

print("sample処理実行")
```

▼ 実行結果

● sample.py

```
mod1処理実行
sample処理実行
```

「スクリプトとして直接実行されたときは処理を行い、importされたときは処理を行わない」という制御が欲しくなりますが、冒頭で紹介した特殊変数__name__を使用するとこの制御を実現することができます。if文以下のブロックに、スクリプトとして直接実行されたときのみに行いたい処理を記述します。

■ mod1.py

```python
def main():
    print("mod1処理実行")

if __name__ == '__main__':
    main()
```

修正したmod1.pyを直接実行すると関数mainは実行されます。一方で、sample.pyを再度実行してみると関数mainは実行されなくなります。

▼ 実行結果

● mod1.py

```
mod1処理実行
```

▼ 実行結果

● sample.py

```
sample処理実行
```

110 ログを出力したい

Syntax

- ログの設定

```
logging.basicConfig(format="フォーマット文字列", level=ログレベル)
```

- ロガーの取得

```
logging.getLogger("logger名")
```

- ログレベルとロガーの出力メソッド

深刻度	ログレベル	メソッド	用途
低	logging.DEBUG	debug()	デバッグ
↑	logging.INFO	info()	情報出力
	logging.WARNING	warning()	警告出力
↓	logging.ERROR	error()	エラー出力
高	logging.CRITICAL	critical()	致命的なエラー

■ ログ出力の基本とloggingモジュール

ログ出力するためにPythonには標準ライブラリでloggingモジュールが用意されています。ログを出力するために、出力先やフォーマット、レベルを設定する必要があります。まず設定に必要となる用語を説明します。

logger

loggerはログを出力するオブジェクトで、生成時にlogger名を設定することができます。モジュール名を設定することが多く、その場合は特殊変数__name__を使用します。

```
# ロガー生成例
import logging
logger = logging.getLogger(__name__)
```

ログフォーマット

ログには何をどういった形式で出力するか?というフォーマットを定めます。こういった出力形式をログフォーマットと呼びます。詳しくは「111 ログのフォーマットを設定したい」を参照してください。

ログレベル

ログには「レベル」という概念があります。あるログが、無視していいただの情報なのか、エラーなのかといったログ内容の深刻度をレベルで表します。ロガーおよびログハンドラごとに、ログレベルを設定することが可能です。デフォルトでは警告レベル以上のログが出力されます。

ハンドラ

ログの出力先には標準出力やファイル等が設定できます。デフォルトでは標準出力に出力されます。詳しくは「112　ログをファイル出力したい」を参照してください。

■ loggerの設定

loggerの設定方法は非常に複雑で、多種多様な方法があります。最も簡単な設定の1つがlogging.basicConfigでしょう。引数にフォーマット文字列とレベルなどを設定することが可能です。設定以降に生成したすべてのloggerに対してその設定が反映されます。

■ ログ出力例

下記のサンプルコードは、以下のフォーマットでレベルがINFO以上のログに対しログを標準出力します。

> 時間 - ロガー名 - ログレベル - ログメッセージ

■ recipe_110_01.py

```python
import logging
logging.basicConfig(format='%(asctime)s - %(name)s - %(levelname)s🔁
 - %(message)s', level=logging.INFO)
logger = logging.getLogger(__name__)
logger.debug("デバッグ出力")
logger.info("情報出力")
logger.warning("警告発生！")
logger.error("エラー発生！！")
```

▼ 実行結果

```
2020-05-10 19:06:03,298 - __main__ - INFO - 情報出力
2020-05-10 19:06:03,298 - __main__ - WARNING - 警告発生！
2020-05-10 19:06:03,298 - __main__ - ERROR - エラー発生！！
```

出力レベルをINFO以上に設定しているため、DEBUGログは出力されません。

111 ログのフォーマットを設定したい

```
logging.basicConfig(format="フォーマット文字列")
```

■ ログのフォーマット

logging.basicConfigの引数formatにフォーマット文字列を指定することで、ログのフォーマットを設定することができます。下表の通りフォーマットにさまざまな変数を設定することが可能です。ただし、実行環境次第では値が取得できない場合があります。

変数	意味
%(name)s	logger名
%(levelno)s	ログレベル番号
%(levelname)s	ログレベル名
%(pathname)s	(利用可能であれば) ソースファイルのフルパス
%(filename)s	ソースファイル名
%(module)s	モジュール名
%(lineno)d	(利用可能であれば) 行番号
%(funcName)s	関数、メソッド名
%(asctime)s	LogRecordが作成された時間のテキスト形式
%(thread)d	(利用可能であれば) スレッドID
%(threadName)s	(利用可能であれば) スレッド名
%(process)d	(利用可能であれば) プロセスID
%(message)s	メッセージ

サーバアプリケーションのようなマルチプロセス、マルチスレッドで動作するものについてはプロセスID、スレッドIDも出力したほうが良さそうです。例えば「110　ログを出力したい」で使用したフォーマットに加え、プロセスID、スレッドIDも出力したい場合、Formatterは次ページのようになります。

■ recipe_111_01.py

```python
import logging
format_str = '%(asctime)s - %(process)d - %(thread)d - %(name)s
- %(levelname)s - %(message)s'
logging.basicConfig(format=format_str, level=logging.INFO)

logger = logging.getLogger(__name__)
logger.debug("デバッグ出力")
logger.info("情報出力")
logger.warning("警告発生！")
logger.error("エラー発生！！")
```

▼ 実行結果

```
2020-07-26 15:49:00,123 - 15185 - 139855521677440 - __main__ -
INFO - 情報出力
2020-07-26 15:49:00,123 - 15185 - 139855521677440 - __main__ -
WARNING - 警告発生！
2020-07-26 15:49:00,124 - 15185 - 139855521677440 - __main__ -
ERROR - エラー発生！！
```

プロセスID、スレッドIDが出力されることが確認できます。

112　ログをファイル出力したい

Syntax

- ログハンドラの設定

```
logging.basicConfig(handlers=[ハンドラ1, ハンドラ2, ……])
```

- 代表的なログハンドラ

ハンドラ	ハンドラの生成	出力先
StreamHandler	logging.StreamHandler()	標準出力
FileHandler	logging.FileHandler("出力先パス")	ファイル出力

■ ログハンドラ

　ログの出力先には、標準出力以外にもファイルに出力することが可能です。出力先を設定する場合、組み込みで用意されているハンドラを指定します。例えば標準出力とファイル出力をしたい場合は、ハンドラを2つ生成して指定することになります。

■ ログ出力例

　下記のコードは、カレントディレクトリ直下のtmp.logというファイルにログを出力します。

■ recipe_112_01.py

```
import logging

# ハンドラを生成する
std_handler = logging.StreamHandler()
file_handler = logging.FileHandler("tmp.log")

# フォーマット、ログレベル、ハンドラを設定する
logging.basicConfig(format='%(asctime)s - %(name)s - %(levelname)s
- %(message)s',
                    level=logging.DEBUG,
                    handlers=[std_handler, file_handler])

logger = logging.getLogger(__name__)
```

```
logger.debug("デバッグ出力")
logger.info("情報出力")
logger.warning("警告発生！")
logger.error("エラー発生！！")
```

▼ 実行結果

```
2020-05-10 19:06:03,298 - __main__ - DEBUG - デバッグ出力
2020-05-10 19:06:03,298 - __main__ - INFO - 情報出力
2020-05-10 19:06:03,298 - __main__ - WARNING - 警告発生！
2020-05-10 19:06:03,298 - __main__ - ERROR - エラー発生！！
```

実行するとtmp.logというログファイルが作成され、標準出力と同じ内容のログが出力されます。

113 単体テストを実行したい

Syntax

● テストクラス

```
import unittest

class Testクラス(unittest.TestCase):
    def test_メソッド(self):
        self.assertEqual(期待値, 検査値)
```

● 単体テスト実行コマンド

```
python -m unittest test_テスト対象モジュール.py
```

■ 単体テストとunittestモジュール

unittestモジュールは、Pythonの標準ライブラリとして提供されている単体テスト用のモジュールです。unittest.TestCaseクラスを継承した単体テストクラスを作成し、単体テスト用のメソッドを適宜実装します。

■ テストメソッド

unittest.TestCaseクラスを継承することにより、テストメソッド内で検査用のメソッドを呼び出すことができます。たいていassertXXXという形式のメソッドとなります。TestCaseクラスで提供されている代表的なテストメソッドには、次ページの表のようなものがあります。

テスト内容に合致しないものはAssertionErrorが発生します。

■ unittestの実装例

テストされる側のモジュールとしてsample.pyというスクリプトがあるものとします。足し算をする関数と、数値が正かどうかを判定する関数が記述されています。

■ sample.py

```
# sample.py テスト対象モジュール

def add_num(num1, num2):
```

```
        ⟨⟩
    return num1 + num2


def is_positive(num):
    return num > 0
```

　これらの関数に対し、次ページのようにテスト用モジュールを作成します。ファイル名は、test_テスト対象モジュール.pyとします。また、テストクラスはテスト対象クラス名にTestをつけた名前を使用し、前述の通りunittest.TestCaseを継承します。また各テストケースに該当するテストメソッドは、テスト対象関数・メソッド名の頭にtestをつけた名前を使用します。

● 代表的なテストメソッド

メソッド	テスト内容
assertEqual(a, b)	a == b
assertNotEqual(a, b)	a != b
assertTrue(x)	bool(x) is True
assertFalse(x)	bool(x) is False
assertIs(a, b)	a is b
assertIsNot(a, b)	a is not b
assertIsNone(x)	x is None
assertIsNotNone(x)	x is not None
assertIn(a, b)	a in b
assertNotIn(a, b)	a not in b
assertIsInstance(a, b)	isinstance(a, b)
assertNotIsInstance(a, b)	not isinstance(a, b)

■ **test_sample.py**

```python
# test_sample.py テストをする側のコード
import unittest
import sample

class TestNumberFuncs(unittest.TestCase):

    def test_add_num(self):
        """
        add_numの単体テスト
        """
        self.assertEqual(7, sample.add_num(3, 4))

    def test_is_positive(self):
        """
        is_numの単体テスト
        """
        self.assertTrue(sample.is_positive(3))
        self.assertFalse(sample.is_positive(0))
        self.assertFalse(sample.is_positive(-1))
```

実行はPythonコマンドでunittestモジュールを-mオプションで指定し、引数にテストモジュールやテストパッケージを指定します。

▼ **実行結果**

```
python -m unittest test_sample.py
..
----------------------------------------------------------------
Ran 2 tests in 0.000s

OK
```

テストが実行され、結果が出力されました。上のコードで使用したassertEqualは、検査値と期待値が等しいことをテストします。

114 単体テストで前処理を実行したい

Syntax

```
class Testクラス(unittest.TestCase):

    @classmethod
    def setUpClass(cls):
        全体前処理

    @classmethod
    def tearDownClass(cls):
        全体後処理

    def setUp(self):
        個別テスト前処理

    def tearDown(self):
        個別テスト後処理
```

setupとteardown

ある程度規模のあるプログラムをテストする場合、テストの実行前や後に処理を追加したい場合が出てきます。例えば、データベースに接続しテストデータを投入したり、テスト終了時にテストデータを削除したりロールバックすることが挙げられます。unittestにはそういった前処理、後処理用に以下のメソッドが用意されています。

メソッド	用途	メソッドの種類
setUpClass()	テストクラス全体の前処理	クラスメソッド
tearDownClass()	テストクラス全体の後処理	クラスメソッド
setUp()	個別のテストメソッドの前処理	インスタンスメソッド
tearDown()	個別のテストメソッドの後処理	インスタンスメソッド

次のページのテストコードは、テスト前後に前処理が実行されます(具体的な処理はダミーとしてprint出力するだけです)。

```python
import unittest


class TestSample(unittest.TestCase):

    @classmethod
    def setUpClass(cls):
        print('全体前処理')

    @classmethod
    def tearDownClass(cls):
        print('全体後処理')

    def setUp(self):
        print('テスト前処理')

    def tearDown(self):
        print('テスト後処理')

    def test_sample1(self):
        print("単体テスト1実行")

    def test_sample2(self):
        print("単体テスト2実行")
```

▼ 実行結果

全体前処理
テスト前処理
単体テスト1実行
テスト後処理
.テスト前処理
単体テスト2実行
テスト後処理
.全体後処理

115 単体テストパッケージを使いたい

- ディスカバリを使用したテスト実行コマンド

```
python -m unittest
```

単体テストパッケージ

Pythonに限らずプロジェクトの構成として、アプリケーションのソースコードとテストのソースコードは、別パッケージとしてディレクトリを分けることが一般的です。以下構成のプロジェクトについて考えてみます。

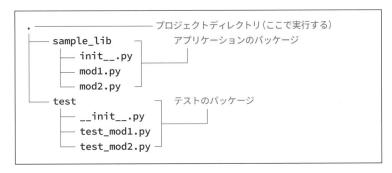

```
.                         プロジェクトディレクトリ（ここで実行する）
├── sample_lib            アプリケーションのパッケージ
│   ├── init__.py
│   ├── mod1.py
│   └── mod2.py
└── test                  テストのパッケージ
    ├── __init__.py
    ├── test_mod1.py
    └── test_mod2.py
```

この際、テストモジュールのファイル名を指定してテストを実行することが可能です。

```
python -m unittest test¥test_mod1.py
```

また、Pythonのunittestにはディスカバリという仕組みが備わっており、テストモジュールのファイル名を省略した場合、プロジェクトを走査してtest_*.pyというファイルを探し出し、自動で実行してくれます。以下のコマンドを実行すると、テストパッケージ配下のテストがすべて実行されます。

```
python -m unittest
```

116 ini形式の 設定ファイルを使いたい

```
import configparser
config = configparser.ConfigParser()
config.read('iniファイルパス')
変数 = config[セクション][キー]
```

iniファイルの使用

標準ライブラリのconfigparserモジュールを使用すると、ini形式の設定ファイルを使用できるようになります。ini形式とは、右のような大括弧でくくった「セクション」と、その配下にあるキーと値の組からなる形式です。セミコロンでコメントを入れることもできます。ただし、Windowsのレジストリなどで使用されている拡張ini形式には対応していません。

● iniファイルの例

```
; iniファイルの例
[DB]
host = localhost
port = 3306
user = myuser
pass = mypassword
; ここはコメント

[FILE]
; ここもコメント
output = /opt/output.txt
```

値の取得

値の取得で利用できるメソッドには、以下のものがあります。

メソッド	戻り値の型
get	str
getint	int
getfloat	float
getboolean	bool

なお、bool型にはyes/no、on/off、'true/false'、'1/0'を使用することができます。

● iniファイルの利用例

以下のコードは、カレントディレクトリにあるconfig.iniというiniファイルを読み込み、値をprint出力しています。

■ config.ini

```
[SAMPLE1]
; str型
str_key = text
; int型
int_key= 100

[SAMPLE2]
; float型
float_key = 0.1
; bool型 yes/no on/off
bool_key = yes
```

■ recipe_116_01.py

```python
import configparser

# configファイルの読み込み
config = configparser.ConfigParser()
config.read('config.ini')

# 値を文字列で取得する
config['SAMPLE1']['str_key']

# configの型に応じた値を取得する
str_value = config.get('SAMPLE1', 'str_key')
int_value = config.getint('SAMPLE1', 'int_key')
float_value = config.getfloat('SAMPLE2', 'float_key')
bool_value = config.getboolean('SAMPLE2', 'bool_key')

# 値を表示する
print(str_value)
print(int_value)
print(float_value)
print(bool_value)
```

▼ 実行結果

```
text
100
0.1
True
```

Chap 8
開発

221

117 コーディング規約が知りたい

■ PEPとPEP 8

PythonにはPEPと呼ばれるドキュメントがあります。Python Enhancement Proposalsの略で、Pythonの仕様や仕様策定の経緯、ガイドラインがまとめられています。その中のPEP 8は、Pythonでコーディングする際の規約が記されています。

● PEP 8

https://www.python.org/dev/peps/pep-0008/

他の言語の規約と比べると比較的緩く、標準ライブラリでさえ準拠していないものがあります。あまりヒステリックに規約の一貫性にこだわる必要はなく、プロジェクトの中で一貫性を持つ方を優先することが推奨されています。

■ Pythonコードのスタイル

PEP 8の内容だけでもある程度紙面を割いてしまうので、比較的重要と思われるものをピックアップして紹介します。前述の通り、もし参加したプロジェクトですでに規約がある場合は、そちらを優先するようにしてください。

まず、基本的なスタイルとして以下が推奨されています。

▶ エンコーディング：UTF-8
▶ インデント：スペース4個
▶ 1行の長さ：最大で79文字
▶ 空行：ブロックの一番外側の関数やクラスは上に2行空ける

また、コード中の命名規則として以下が推奨されています。

対象	スタイル	例
パッケージ	すべて小文字の短い名前、アンダースコア非推奨	mypkg
モジュール	すべて小文字の短い名前、長ければアンダースコア可	mymodule
クラス	大文字始まり、各単語の区切りを大文字、それ以外を小文字	MyClass
関数、メソッド	全部小文字、アンダースコア区切り	my_sample_function
変数	全部小文字、アンダースコア区切り	my_sample_num
定数	全部大文字、アンダースコア区切り	MY_CONSTANT_VAL

118 アンチパターンを改善したい

　Pythonはさまざまな書き方ができますが、推奨されない書き方や、よりすっきり書けるイディオムがあります。入門編の最後として、この項では著名な良くないコード例と、Pythonらしい書き方への改善例について紹介します。

■ 連続した比較演算子を使う

　Pythonの比較演算子は連ねて記述することができます。andでつなげてもよいのですが、3数の大小関係のような場合は並べて記述しましょう。

■ 良くないコード例

```python
if x < y and y < z:
    print("適正範囲内です")
```

■ 改善例

```python
if x < y < z:
    print("適正範囲内です")
```

■ 複数の値判定ではinを使う

　Pythonのin演算子は複数の値の判定に使用することができます。以下のコードでは名前が燃料もしくは火薬の場合、輸送できない旨を表示しています。

■ 良くないコード例

```python
if name == "燃料" or name == "火薬":
    print("輸送できません")
```

■ 改善例

```python
if name in ("燃料", "火薬"):
    print("輸送できません")
```

━ Trueの判定

Pythonのif文は条件式でbool値をそのまま評価することができます。

■ 良くないコード例

```
flg = True
if flg == True:
    print("フラグがONです")
```

■ 改善例

```
flg = True
if flg:
    print("フラグがONです")
```

━ 三項演算子の活用

通常、プログラミングで再代入をすると不具合の原因となりえます。三項演算子が使用できる場合はこの再代入を防ぐことができますので、使用できる場合は活用してください。

■ 良くないコード例

```
flg = True
x = 100
if flg:
    x = 200
```

■ 改善例

```
x = 200 if flg else 100
```

━ シーケンスはカウンタ不要

いくつかのプログラミング言語では、for文で必ずカウンタを使用してインデックスを使用してループ処理を行いますが、Pythonはカウンタ、インデックスなしでループ処理することが可能です。

■ 良くないコード例

```
data = (1, 2, 3, 4, )
for i in range(len(data)):
    print(data[i])
```

■ 改善例

```
data = (1, 2, 3, 4, )
for val in data:
    print(val)
```

━ 同じ値なら同時に代入

同じ初期値を代入する場合は列挙することができます。

■ 良くないコード例

```
text1 = "init value"
text2 = "init value"
text3 = "init value"
```

■ 改善例

```
text1 = text2 = text3 = "init value"
```

なお、この代入方法は参照先が同じとなるため、変更を伴う操作の場合は注意してください。以下のコードでは2つのリストに値を代入していますが、片方の変更がもう片方にも反映されています。

```
l1 = l2 = [1, 2, 3]
l1.append(4)
print(l2)
```

▼ 実行結果

```
[1, 2, 3, 4]
```

■ リスト内包表記の活用

　リストをループさせて新たなリストを作成する場合、リスト内包表記が利用できないか検討してみてください。記述量が減らせる上、処理速度も速くなります。以下のコードは、リストの値を2倍した新たなリストを構築しています。

■ **良くないコード例**

```python
l1 = [7, 11, 2, 5, 10, 3]
l2 = []
for val in l1:
    l2.append(val * 2)
```

■ **改善例**

```python
l1 = [7, 11, 2, 5, 10, 3]
l2 = [val * 2 for val in l1]
```

■ グローバルな名前の上書きに注意する

　Pythonの組み込み関数や組み込みの型は、代入により上書きできてしまいます。以下のコードでは、sumという関数を表す識別子に対して合計値を代入してしまっています。この部分自体は動作するのですが、この後関数としてsumを呼び出すとエラーとなります。

■ **良くないコード例**

```python
sum = x + y
```

■ **改善例**

```python
sum_val = x + y
```

■ 変数の値の入れ替えは一時変数不要

　いくつかのプログラミング言語では変数入れ替え処理を行う際、一時変数を使用しますが、Pythonはアンパックにより変数の入れ替えが可能です。以下のコードでは変数x、yの値を入れ替えています。

■ **良くないコード例**

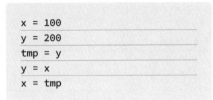

```python
x = 100
y = 200
tmp = y
y = x
x = tmp
```

■ **改善例**

```python
x = 100
y = 200
x, y = y, x
```

ファイルとディレクトリ

Chapter

9

119 ファイルを開きたい

● ファイルを開く

関数	戻り値
open("ファイルパス", "モード", encoding="エンコード")	指定したモード、エンコーディングでファイルを開きファイルオブジェクトを返す

▶ 読み書きモード

文字	意味
r	読み込み用に開く(デフォルト)
w	書き込み用に開く
r+	読み書き用に開く
a	追記用に開く
a+	読み込み+追記用に開く

▶ テキスト/バイナリモード

文字	意味
b	バイナリモード
t	テキストモード(デフォルト)

● コンテキストマネージャを使用したファイル処理

```
with open("ファイルパス", "モード", encoding="エンコード") as f:
    ファイル処理
```

※変数fにファイルオブジェクトが格納されます

■ ファイルのオープンとモード

　open関数を使用すると、指定したファイルを開き、ファイルオブジェクトと呼ばれるファイルを読み書きするオブジェクトを得ることができます。このとき読み書きとテキスト/バイナリのモードを組み合わせて指定します。モードを省略すると読み取りでテキストとして開きます。例えばバイナリファイルを読み込みたい場合は"br"、テキストを読み書きしたい場合は"r"、テキストに追記したい場合は"a"といったように指定します。

　通常open関数はwith文と合わせて使用し、asの後ろに指定した変数にファイルオブジェクトが格納

されます。with以降、ファイルを使用する間、インデントをつけます。前述の通り、ファイルオブジェクトを使用すると読み書き等の操作を行うことが可能です。

　以下のコードでは、カレントディレクトリのtmp.txtというテキストファイルを読み込みモードで開き、内容をprint出力しています。変数fにファイルオブジェクトが格納されています。

```
with open("tmp.txt", "r") as f:
    text = f.read()

print(text)
```

■ エンコーディングの指定

　テキストファイルを開く際、引数encodingでエンコーディングを指定することができます。指定できる代表的なエンコーディングは「167　bytes型と文字列を変換したい」を参照してください。エンコーディングを省略した場合は、処理系のロケールエンコーディングが使われます。お使いの処理系のロケールエンコーディングを調べるには、以下のコードを実行します。

```
import locale
encoding = locale.getpreferredencoding(False)
print(encoding)
```

Column

コンテキストマネージャ

　多くのプログラム言語では、ファイル等の外部リソースにアクセスする場合、リソース利用後にclose（切断）処理を行います。Pythonのopenでも、ファイルを開いた後close処理が必要なのですが、上で説明したwith文を使用するとcloseを省略することができ、書き忘れを防ぐことができます。このような記述方法をコンテキストマネージャと呼び、ファイル以外にもDB接続などで使用されます。
　補足としてwith文を使用しない場合を紹介します。以下のように最後にcloseを呼び出す必要があります。

```
text = "aaaaa¥nbbbb¥ncccc"
f = open("sample.txt", "w")
f.write(text)
f.close()
```

120 テキストファイルを読み込みたい

Syntax

● ファイルオブジェクトの読み込みメソッド

メソッド	戻り値
f.read()	ファイル全体のデータ
f.readlines()	1行ずつで分割されたリスト
f.readline()	1行ごとのデータ

※fはファイルオブジェクトを指します

■ 読み込み系の処理

　ファイルを読み取りモードで開くと、ファイルオブジェクトを使用して読み込み系の処理を行うことができます。この項のコードを実行する場合は、カレントディレクトリに以下の内容でtmp.txtというファイルを配置してください。

```
aaaa
bbbb
cccc
```

read

　readメソッドを使用すると、ファイル全体の内容を得ることができます。テキストファイルの場合はファイル全体の文字列が得られます。以下のコードは、カレントディレクトリに配置されたtmp.txtを読み込み、変数textに格納しています。

```
with open("tmp.txt", "r") as f:
    text = f.read()

print(text)
```

　実行すると、ファイルの内容がそのまま出力されます。なお、readはファイルオブジェクト1つにつき呼び出せるのは1回きりです。次からは空の文字が返されます。

readlines

readlinesを使用すると1行ずつ区切ったリストが得られます。1行ずつ処理したい場合に利用できます。以下のコードではテキストファイルの内容に対し、1行ずつ番号を加えて表示しています。

■ recipe_120_01.py

```python
with open("tmp.txt", "r") as f:
    lines = f.readlines()

for i, line in enumerate(lines):
    print(str(i) + ":" + line, end="")
```

▼ 実行結果

```
0:aaa
1:bbb
2:ccc
```

readline

readlineは1行ずつ内容を返します。ファイル終端に達すると空文字列を返します。以下のコードではファイルの4行目まで表示しようとしていますが、ファイルには3行までしかないため最後は空白が出力されます。

■ recipe_120_02.py

```python
with open("tmp.txt", "r") as f:
    print(f.readline(), end="")
    print(f.readline(), end="")
    print(f.readline(), end="")
    print(f.readline(), end="")
```

▼ 実行結果

```
aaa
bbb
ccc
```

121 テキストファイルに書き込みたい

● ファイルオブジェクトの書き込みメソッド

メソッド	処理と戻り値
f.write(文字列)	指定した文字列を書き込み書き込まれた文字数を返す
f.writelines(文字列リスト)	指定した文字列リストを1つずつ書き込み。戻り値なし

※fはファイルオブジェクトを指します

■ 書き込み系の処理

ファイルを書き込みモードで開くと、ファイルオブジェクトを使用して書き込み系の処理を行うことができます。

write

writeメソッドを使用すると、引数で指定した文字列をファイルに書き込むことができます。以下のコードでは、カレントディレクトリにtmp.txtというテキストファイルを書き込みモードで開き、文字列を書き込んでいます。

■ recipe_121_01.py

```
text = "aaa\nbbb\nccc"
with open("tmp.txt", "w") as f:
    f.write(text)
```

writelines

writelinesメソッドを使用すると、開いたファイルに対してリストの内容を1つずつ書き込むことができます。なお、要素間に区切り文字などは挿入されずに単純に連結されます。以下のコードでは、カレントディレクトリにtmp2.txtというテキストファイルを書き込みモードで開き、文字列のリストtest_listの内容を1つずつ書き込んでいます。

■ recipe_121_02.py

```
test_list = ["aaa", "bbb", "ccc"]
with open("tmp2.txt", "w") as f:
    f.writelines(test_list)
```

122 パスセパレータを取得したい

Syntax

```
import os
os.sep
```

━ パスセパレータ

PythonはWindowsやMac、Linux等さまざまな環境で動かすことができます。ただし処理系でパスセパレータが異なるため、同じプログラムでもディレクトリやファイル操作を伴う場合は注意が必要です。osモジュールの sepから現在実行中の環境のパスセパレータを文字列で得ることができます。

■ recipe_122_01.py

```
import os
print(os.sep)
```

▼ 実行結果
- Windows系

```
'¥¥'
```

※円マークはエスケープされています

▼ 実行結果
- Unix系

```
'/'
```

123 パスを結合したい

Syntax

関数	戻り値
os.path.join(パス1, パス2……)	結合したパス

■ パスの結合

os.path.joinを使用すると、引数で指定したパスを結合することが可能です。引数に対し順番で結合したいパス文字列を指定します。以下のコードでは "." (カレントディレクトリ) と2つのディレクトリ、suzukiとdirを結合しています。

■ recipe_123_01.py

```python
import os.path
suzuki_home = os.path.join('.','suzuki', 'dir')
print(suzuki_home)
```

▼ 実行結果

```
.¥suzuki¥dir
```

※出力結果は処理系により異なります

■ パス結合の注意点

Unix系の場合、結合先に/が先頭のパスが指定されると、ルートからのパスとみなされ階層がリセットされるので注意してください。以下のコードでは、"." (カレントディレクトリ) と2つのディレクトリ、suzukiとdirを結合していますが、dirの前にスラッシュが付いているため前2つのパスが無視され結合結果が/dirとなっています。

■ recipe_123_02.py

▼ 実行結果

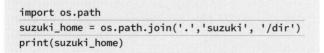

```python
import os.path
suzuki_home = os.path.join('.','suzuki', '/dir')
print(suzuki_home)
```

```
/dir
```

124 パスの末尾を取得したい

関数	戻り値
os.path.split(パス)	パスの末尾以外と末尾の文字列タプル

■ パス末尾の取得

os.path.splitを使用すると、パスの末尾以外と末尾のタプルが得られます。末尾とは一番右側のパスセパレータの右側を指します。以下のコードでは、適当なパスの末尾を取得してprint出力しています。

■ recipe_124_01.py

```python
import os.path

path1 = r'suzuki\dir'
head1, tail1 = os.path.split(path1)
print(head1, tail1)

path2 = r'suzuki\dir' + '\\'
head2, tail2 = os.path.split(path2)
print(head2, tail2)

path3 = r'suzuki\dir\file.txt'
head3, tail3 = os.path.split(path3)
print(head3, tail3)
```

▼ 実行結果

```
suzuki dir
suzuki\dir
suzuki\dir file.txt
```

125 カレントディレクトリを取得・変更したい

関数	処理と戻り値
os.getcwd()	カレントディレクトリを文字列で返す
os.chdir(パス)	カレントディレクトリを指定したパスに移動。戻り値なし

■ カレントディレクトリの取得

os.getcwdでカレントディレクトリを取得することができます。通常、Pythonを実行したディレクトリが返されます。以下のコードを実行するとカレントディレクトリが表示されます。

■ recipe_125_01.py

```
import os
print(os.getcwd())
```

■ カレントディレクトリの移動

os.chdirでパスを指定すると、指定したパスに移動することが可能です。以下のコードを実行するとカレントディレクトリが .¥dirに移動されます。

■ recipe_125_02.py

```
import os
os.chdir(r'.¥dir')
print(os.getcwd())
```

126 絶対パス・相対パスを取得したい

Chap 9

ファイルとディレクトリ

Syntax

関数	戻り値
os.path.abspath(パス)	絶対パス文字列
os.path.relpath(パス，起点となるパス)	相対パス文字列

■ 絶対パスの取得

os.path.abspathで指定した相対パスの絶対パスを得ることができます。カレントディレクトリ配下にtmp.txtというテキストファイルがあった場合、相対パスは.¥tmp.txtですが、以下のサンプルではその絶対パスを取得しています。

■ recipe_126_01.py

```python
import os
print(os.path.abspath(r".¥tmp.txt"))
```

■ 相対パスの取得

os.path.relpathで指定したパス間の相対パスを得ることができます。以下のサンプルでは.¥tmp.txtがC:¥Windowsから見たときの相対パスを取得しています。

■ recipe_126_02.py

```python
import os
print(os.path.relpath(r".¥tmp.txt", r"C:¥Windows"))
```

127 パスの存在を確認したい

関数	戻り値
os.path.exists(パス)	存在する場合はTrue、存在しない場合はFalse

■ パスの存在確認

os.path.existsを使用すると、指定したパスが存在するか確認することが可能です。以下のサンプルではC:¥work¥tmp.txtの存在を確認しています。

■ recipe_127_01.py

```python
import os.path
if os.path.exists(r"C:¥work¥tmp.txt"):
    print("ファイルが存在します")
else:
    print("ファイルが存在しません")
```

128 パス直下の内容一覧を取得したい

関数	戻り値
os.listdir(パス)	指定したパス配下のファイル、ディレクトリの文字列リスト

━ パス直下の内容の取得

os.listdirで指定したパスの内容の文字列リストを取得することができます。以下のサンプルでは
C:¥work配下の内容を出力しています。

■ recipe_128_01.py

```
import os
print(os.listdir(r"C:¥work"))
```

129 ディレクトリかファイルかを判定したい

関数	戻り値
os.path.isdir(パス)	指定したパスがディレクトリの場合True、それ以外はFalse
os.path.isfile(パス)	指定したパスがファイルの場合True、それ以外はFalse

■ 指定したパスがディレクトリなのかファイルなのか判別

os.path.isdir、os.path.isfileを使用すると、指定したパスがディレクトリなのかファイルなのかを判別することが可能です。なお、存在しないパスを指定した場合は、例外発生ではなくどちらもFalseとなります。

以下のサンプルではC:¥work¥tmp.txtというファイルが存在した場合の実行例です。

■ recipe_129_01.py

```python
import os.path
print(os.path.isdir(r"C:¥work") )
print(os.path.isdir(r"C:¥work¥tmp.txt") )
print(os.path.isfile(r"C:¥work") )
print(os.path.isfile(r"C:¥work¥tmp.txt") )
```

▼ 実行結果

```
True
False
False
True
```

130 拡張子を取得したい

Syntax

関数	戻り値
os.path.splitext(パス)	指定したパスの拡張子の手前までと拡張子のタプル

■ 拡張子の取得

os.path.splitextを使用すると、指定したパスから拡張子の手前までと拡張子のタプルを得ることができます。以下のコードでは、C:¥work¥tmp.txtというファイルに対して拡張子を取得しています。

■ recipe_130_01.py

```python
import os.path
root, ext = os.path.splitext(r"C:¥work¥tmp.txt")
print(root, ext)
```

▼ 実行結果

```
C:¥work¥tmp .txt
```

131 ファイルやディレクトリを 移動したい

Syntax

- shutilモジュールのインポート

```
import shutil
```

- move関数

関数	処理と戻り値
shutil.move(移動前パス，移動後パス)	ファイルやディレクトリを指定したパスに移動し、移動先のパスを文字列で返す

■ shutilモジュール

標準ライブラリのshutilモジュールはファイルやディレクトリに対して移動、コピー、削除といった操作を提供します。

■ ファイルやディレクトリの移動

shutil.moveでファイルやディレクトリを移動することが可能です。また、移動前後でファイル名を変更することも可能です。以下のコードでは、テキストファイルC:¥work¥tmp.txtをC:¥work2¥tmp2.txtに移動しています（ディレクトリC:¥work2はすでに存在することを前提とします）。

■ recipe_131_01.py

```
import shutil
shutil.move(r"C:¥work¥tmp.txt", r"C:¥work2¥tmp2.txt")
```

ディレクトリに対しても同様です。以下のコードでは、ディレクトリC:¥workをC:¥work2配下に移動しています。

■ recipe_131_02.py

```
import shutil
shutil.move(r"C:¥work", r"C:¥work2¥work")
```

132

ファイルやディレクトリを
コピーしたい

Syntax

関数	処理と戻り値
`shutil.copy(コピー前パス, コピー後パス)`	指定したファイルをコピーし、コピー先のパスを文字列で返す
`shutil.copytree(コピー前パス, コピー後パス)`	指定したパスをディレクトリごとコピーし、コピー先のパスを文字列で返す

― ファイルやディレクトリのコピー

shutil.copyでファイルやディレクトリをコピーすることが可能です。また、コピー前後でファイル名を変更することも可能です。以下のコードでは、テキストファイルC:¥work¥tmp.txtをC:¥work2¥tmp2.txtにコピーしています。ただし、ディレクトリC:¥work2はすでに存在することを前提とします。

■ recipe_132_01.py

```
import shutil
shutil.copy(r"C:¥work¥tmp.txt", r"C:¥work2¥tmp2.txt")
```

ディレクトリの場合はshutil.copytreeを使用します。以下のコードでは、ディレクトリC:¥workをC:¥work3にコピーしています。実行すると、中のファイルもコピーされます。ただし、すでにディレクトリが存在するとFileExistsErrorが発生するため、ディレクトリC:¥work3は存在しないことを前提とします。

■ recipe_132_02.py

```
import shutil
shutil.copytree(r"C:¥work", r"C:¥work3")
```

処理系によるのですが、権限等、ファイルのメタデータのすべてをコピーすることはできないという点に注意してください。

133 ファイルやディレクトリを削除したい

Syntax

関数	処理と戻り値
os.remove(削除対象パス)	指定したパスのファイルを削除する。戻り値なし
shutil.rmtree(削除対象パス)	指定したパスの配下を含め削除する。戻り値なし

■ ファイルの削除

os.removeで指定したパスのファイルを削除することができます。以下のコードではC:¥work¥tmp.txtというファイルを削除しています。なお、引数で指定したファイルが存在しない場合は、FileNotFoundErrorが発生します。

■ recipe_133_01.py

```
import os
os.remove(r'C:¥work¥tmp.txt')
```

■ ディレクトリの削除

shutil.rmtreeでファイルやディレクトリを削除することができます。以下のコードではC:¥work2というディレクトリを配下を含め削除しています。os.removeと同様に、引数で指定したディレクトリが存在しない場合はFileNotFoundError が発生します。

■ recipe_133_02.py

```
import shutil
shutil.rmtree('C:¥work2')
```

134 新しいディレクトリを作成したい

Syntax

関数	処理と戻り値
os.makedirs(新規ディレクトリパス)	指定したパスのディレクトリを新規作成する 戻り値なし

━ 新規ディレクトリの作成

os.makedirsで指定したパスのディレクトリを新たに作成することができます。指定したパスの中間ディレクトリが存在しない場合、そのディレクトリも作成してくれます。以下のコードは、C:¥work配下にtmp1¥tmp2¥tmp3というディレクトリを新たに作成しています。なお、引数で指定したディレクトリがすでに存在する場合は、FileExistsErrorが発生します。

■ recipe_134_01.py

```
import os
os.makedirs(r'C:¥work¥tmp1¥tmp2¥tmp3')
```

数値処理

Chapter

10

N進数表記を使いたい

プレフィックス	意味
0b	2進数
0o	8進数
0x	16進数

■ N進数リテラルの扱い

Pythonでは整数のリテラルとしてプレフィックスをつけることにより2進数、8進数、16進数で表記することが可能です。変数格納後は10進数として扱われるため、print出力すると10進数として出力されます。

2進数

2進数のリテラルを使用する場合、数値の頭に0bを付加します。例えば2進数の1011を扱いたい場合、以下のように記述します。

■ recipe_135_01.py

```
b = 0b1011
print(b)
```

▼ 実行結果

```
11
```

8進数

8進数のリテラルを使用する場合、数値の頭に0o (ゼロとオー) を付加します。例えば8進数の667を扱いたい場合、以下のように記述します。

■ recipe_135_02.py

```
o = 0o667
print(o)
```

▼ 実行結果

```
439
```

16進数

16進数のリテラルを使用する場合、数値の頭に0xを付加します。例えば16進数のFF1Bを扱いたい場合、以下のように記述します。

■ recipe_135_03.py

```
h = 0xFF1B
print(h)
```

▼ 実行結果

```
65307
```

136 N進数表記に変換したい

Syntax

関数	戻り値
bin(int型変数)	2進数表記の文字列
oct(int型変数)	8進数表記の文字列
hex(int型変数)	16進数表記の文字列

▬ N進数表記への変換

N進数リテラルは変数格納後は10進数で表現されますが、組み込み関数を使用すると2進数、8進数、16進数の文字列に変換することができます。

2進数表記に変換

組み込み関数のbinを使用します。

■ recipe_136_01.py

```
b = bin(11)
print(b)
```

▼ 実行結果

```
0b1011
```

8進数表記に変換

組み込み関数のoctを使用します。

■ recipe_136_02.py

```
o = oct(439)
print(o)
```

▼ 実行結果

```
0o667
```

16進数表記に変換

組み込み関数のhexを使用します。

■ recipe_136_03.py

```
h = hex(65307)
print(h)
```

▼ 実行結果

```
0xff1b
```

137 整数と浮動小数点を変換したい

Syntax

関数	処理と戻り値
float(int型変数)	指定したint型変数からfloat型変数を生成して返す
int(float型変数)	指定したfloat型変数からint型変数を生成して返す

float関数

float関数を使用すると、int型や数値文字列からfloat型に変換した変数を得ることができます。以下のコードでは整数10をfloat型に変換しています。変換後の値をprint出力すると10.0となります。

■ recipe_137_01.py

```python
x1 = 10
print(x1)

x2 = float(x1)
print(x2)
```

▼ 実行結果

```
10
10.0
```

一方、float型からint型に変換する場合はint関数を使用します。小数点以下は切り捨てられます。以下のコードではfloat型の10.01をint型に変換しています。

■ recipe_137_02.py

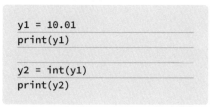

```python
y1 = 10.01
print(y1)

y2 = int(y1)
print(y2)
```

▼ 実行結果

```
10.01
10
```

138 浮動小数点の表示桁数を 増やしたい

Syntax

```
format(float型変数, '.桁数f')
```

▬ formatによる表示桁数の指定

format関数を使用すると、float型の表示桁数を指定することができます。以下のサンプルではfloat型の0.1を小数点以下25桁まで表示しています。

■ recipe_138_01.py

```
x = 0.1
print(x)
print(format(x, '.25f'))
```

▼ 実行結果

```
0.1
0.1000000000000000055511151
```

数値は内部的には2進数で表現されているため、2進数で表せない場合は誤差を含みます。例えば0.1などは誤差を含みますが、printで出力した場合は丸められた値が出力されます。format関数で表示桁数を増やすことで、18桁以降誤差が発生していることが確認できます。

139 浮動小数点型の値が 十分近いかどうかを判定したい

Syntax

関数	処理と戻り値
`math.isclose(float型変数1, float型変数2, オプション)`	引数で指定した2つのfloat型の差がオプションで指定した誤差に収まる場合はTrue、そうでない場合はFalse

● オプション（キーワード引数）

誤差の種類	キーワード引数	デフォルト値
相対誤差	`rel_tol`	`1e-9`
絶対誤差	`abs_tol`	`0.0`

━ float型の誤差と一致

「138　浮動小数点の表示桁数を増やしたい」で解説した通り、float型では2進数で表せない数値については誤差を含むため、簡単な計算でも一致を確認すると想定外の結果となることがあります。

■ recipe_139_01.py

```
x = 1.2 - 1.0
b = (x == 0.2)
print(b)
```

▼ 実行結果

```
False
```

━ math.isclose()

mathモジュールのisclose関数を使用すると、float型で十分値が近い場合は一致しているという判定結果を得ることができます。次ページのコードでは先ほどのfloat型の演算結果でiscloseで判定しています。

■ recipe_139_02.py

```
import math
x = 1.2 - 1.0
b = math.isclose(x, 0.2)
print(b)
```

▼ 実行結果

```
True
```

なお、誤差の範囲はisclose関数のキーワード引数で指定することが可能です。rel_tolで相対誤差を、abs_tolで絶対誤差を指定することができます。以下のコードでは、先ほどのコードで相対誤差に1e-16を指定したためFalseが返されます。

■ recipe_139_03.py

```
import math
x = 1.2 - 1.0
b = math.isclose(x, 0.2, rel_tol=1e-16)
print(b)
```

▼ 実行結果

```
False
```

140

絶対値、合計、最大、最小値を求めたい

Syntax

関数	戻り値
abs(数値)	絶対値
sum(数値のリスト)	合計
max(数値のリスト)	最大
min(数値のリスト)	最小

組み込み関数による数値計算

Pythonの組み込みの関数には絶対値、合計、最大、最小を求める関数があらかじめ用意されています。以下のコードではそれぞれを算出してprint出力しています。

■ recipe_140_01.py

```python
# 絶対値の計算
val = -100
abs_val = abs(val)
print("絶対値", abs_val)

# 合計、最大、最小の計算
val_list = [100, 76, 5, -9, 25, 3.5, -0.99]
sum_val = sum(val_list)
max_val = max(val_list)
min_val = min(val_list)

print("合計", sum_val)
print("最大", max_val)
print("最小", min_val)
```

▼ 実行結果

```
絶対値 100
合計 199.51
最大 100
最小 -9
```

256

141 丸め処理を行いたい

Syntax

関数	戻り値
round(数値)	整数に丸めた数値
round(数値，桁数)	指定した桁数に丸めた数値

▬ Pythonでの丸め処理

Pythonの丸め処理は大きく分けて2種類あります。1つ目がこの項で解説する組み込み関数のroundを使用した丸め処理、2つ目が標準ライブラリのdecimalモジュールを用いたものです。この項では、組み込み関数のroundを使用したものについて解説します。Decimal型で厳密に計算したい場合は、「150　Decimal型の丸め処理を行いたい」を参照してください。

▬ round関数

round関数は偶数丸めで数値型の丸め処理を行います。第1引数に丸めたい数値を指定します。第2引数で丸める桁を指定しますが、これはマイナスを指定することで小数点以上の桁で丸めることを可能とします。また、第1引数を省略するとint型で結果が得られます。

■ recipe_141_01.py

```
x = 4321.1234
print(round(x))
print(round(x, 1))
print(round(x, 2))
print(round(x, -2))
print(round(x, -3))
```

▼ 実行結果

```
4321
4321.1
4321.12
4300.0
4000.0
```

142 数値のN乗を求めたい

Syntax

● 演算

演算子	意味
x ** y	xのy乗

● 組み込み関数

関数	戻り値
pow(x, y)	xのy乗を返す

数値のN乗

　Pythonで乗数を求める方法はいくつかあるのですが、**演算子もしくは組み込み関数のpowを使用すると、数値のN乗を求めることができます。以下のコードはどちらも2の3乗を求めています。どちらの方法も精度は同じです。

■ recipe_142_01.py

```python
p1 = 2 ** 3
print(p1)
p2 = pow(2, 3)
print(p2)
```

▼ 実行結果

```
8
8
```

143 商と剰余を求めたい

Syntax

- 演算

演算子	意味
x % y	x÷yの剰余
x // y	x÷yの商

- 組み込み関数

関数	戻り値
divmod(x, y)	x÷yの商と剰余のタプル

▬ 商と剰余

　Pythonには商と剰余を求める際、演算子を使用する方法と組み込み関数のdivmodを使用する方法があります。divmodの戻り値は商と剰余のタプルで返されるため、戻り値の変数を2つカンマ区切りで受け取ります。以下のサンプルコードでは、100÷3の商と剰余を求めています。

■ recipe_143_01.py

```python
x = 100 # 被除数
y = 3   # 除数

# 演算子
q1 = x // y
r1 = x % y
print(q1, r1)

# divmod関数
q2, r2 = divmod(x, y)
print(q2, r2)
```

▼ 実行結果

```
33 1
33 1
```

数学定数や数学関数を使いたい

Syntax

- mathモジュールのインポート

```
import math
```

- mathモジュールの数学定数

数学定数	意味
math.pi	円周率
math.e	自然対数の底
math.tau	円周率の2倍
math.inf	正の無限大
math.nan	NaN (not a number)

■ mathモジュール

Pythonには組み込みでmathという数学系の計算を行うモジュールがあり、数学定数や数学関数を使用することができます。各種数学関数の使い方は次項以降で説明します。

数学定数

mathモジュールには冒頭で紹介した数学定数が含まれています。以下のコードでは円周率と自然対数の底をprint出力しています。

■ recipe_144_01.py

```
import math
print(math.pi)
print(math.e)
```

▼ 実行結果

```
3.141592653589793
2.718281828459045
```

数学関数

mathモジュールには指数、対数、三角関数といった各種数学系の関数もあらかじめ用意されており、インストール不要で簡単に使用できることができます。次項以降で指数関数、対数関数、三角関数の計算について解説します。

145 指数関数を使いたい

Chap **10** 数値処理

Syntax

関数	戻り値
math.exp(x)	eのx乗

■ 指数関数

mathモジュールのexpを使用すると、eのx乗を求めることができます。この関数を使用すると、**演算子やpow関数を使用したときより高い精度で求められます。以下のサンプルコードではeの3乗を計算しています。

■ recipe_145_01.py

```
import math
y = math.exp(3)
print(y)
```

▼ 実行結果

```
20.085536923187668
```

146 対数関数を使いたい

Syntax

関数	戻り値
math.log(x, a)	aを底、xを真数とする対数関数の値

━ 対数関数

mathモジュールのlogを使用すると、対数関数の値を求めることができます。第1引数で真数を、第2引数で底を指定します。底を省略した場合は自然対数が使用されます。以下のコードでは常用対数のx=10000の値を求めています。

■ recipe_146_01.py

```python
import math
y = math.log(10000, 10)
print(y)
```

▼ 実行結果

```
4.0
```

147 三角関数を使いたい

Syntax

関数	戻り値
math.sin(x)	sin(x)
math.cos(x)	cos(x)
math.tan(x)	tan(x)
math.asin(x)	arcsin(x)（逆三角関数）
math.acos(x)	arccos(x)（逆三角関数）
math.atan(x)	arctan(x)（逆三角関数）

■ 三角関数と逆三角関数

mathモジュールには各種三角関数と逆三角関数が用意されています。以下のサンプルでは$\pi/2$の三角関数の値を求めています。

■ recipe_147_01.py

```python
import math
y1 = math.sin(math.pi / 2)
y2 = math.cos(math.pi / 2)
y3 = math.tan(math.pi / 2)

print(y1)
print(y2)
print(y3)
```

▼ 実行結果

```
1.0
6.123233995736766e-17
1.633123935319537e+16
```

148 乱数を生成したい

Syntax

● randomモジュールのインポート

```
import random
```

● 乱数生成の関数

関数	処理と戻り値
random.random()	0以上1未満のfloat型の乱数を生成して返す
random.uniform(a, b)	a<=bであればa以上、b以下、a>bであればb以上、a以下のfloat型の乱数を生成して返す
random.randint(a, b)	a以上、b以下のint型の乱数を生成して返す

▬ 乱数の生成

Pythonの標準ライブラリには乱数を生成するrandomというモジュールが提供されています。

小数の乱数を生成

random()は0～1の範囲で乱数を生成します。また、uniform()は引数で指定した範囲で乱数を生成します。

■ recipe_148_01.py

```
import random

r1 = random.random()
r2 = random.uniform(0, 100)
```

整数の乱数生成

randint()を使用すると整数の乱数を生成することができます。以下のコードでは0～100の範囲の整数の乱数を生成し、変数r3に格納しています。

■ recipe_148_02.py

```
import random

r3 = random.randint(0, 100)
```

━ 乱数リストの生成

リスト内包表記とrangeを組み合わせると乱数リストを生成することができます。以下のコードでは要素数5個の乱数のリストを生成し、変数rlistに格納しています。なお、ループ変数は使用しないためアンダースコアとなっています。

■ recipe_148_03.py

```python
import random

rlist = [random.random() for _ in range(5)]
```

149 Decimal型を使いたい

Syntax

- Decimalのインポート

```
from decimal import Decimal
```

- Decimal型の生成

関数	戻り値
Decimal("数値の文字列")	指定した文字列の数値からDecimal型を生成して返す

― 2進数と誤差

通常コンピュータで数値を扱う場合、内部的には2進数で表しています。このことが原因で、小数の計算では以下のような簡単な計算でも誤差が発生します。

■ recipe_149_01.py

```
a = 1.2
b = 1.0
x = a - b
print(x)
```

▼ 実行結果

```
0.19999999999999996
```

※誤差は処理系により異なる場合があります

― Decimal型

このため、科学技術計算や金利などの精度の高さが求められる計算を行う場合は、float型を使用すると業務上不適切な値が算出されてしまいます。Pythonでは、組み込みのdecimalモジュールに、Decimal型と呼ばれる内部的に10進数小数点を扱う型が用意されています。生成する際の引数に数値の文字列を指定します。

■ recipe_149_02.py

```python
from decimal import Decimal
a = Decimal("1.2")
b = Decimal("1.0")
x = a - b
print(x)
```

▼ 実行結果

```
0.2
```

　生成時の注意点として前述の通り「引数に文字列を指定する」という点が挙げられます。以下のコードは、誤差を含んだfloat型に基づいてDecimalが生成されているため、誤差が引き継がれてしまいます。

■ recipe_149_03.py

```python
# NGな例
from decimal import Decimal
a = Decimal(1.2)
b = Decimal(1.0)
x = a - b
print(x)
```

▼ 実行結果

```
0.19999999999999999555910790150
```

Decimal型の丸め処理を
行いたい

- 丸めのメソッド

メソッド	処理
Decimal型変数.quantize(丸め桁数, 丸めモード)	指定した桁数、丸めモードで丸めた結果をDecimal型で返す

━ Decimal型の丸め

Decimal型のquantizeを使用すると四捨五入や切り捨てが使用できます。第1引数に丸め桁数を指定するのですが、これはDecimal型で0.1や0.01等と指定します。また、第2引数には丸めモードを使用します。

- 丸めモード

decimalモジュールには、さまざまな業務向けに以下の丸めモードが用意されています。

丸めモード	意味
decimal.ROUND_CEILING	正の無限大方向に丸め
decimal.ROUND_DOWN	ゼロ方向に丸め（いわゆる切り捨て）
decimal.ROUND_FLOOR	負の無限大方向に丸め
decimal.ROUND_HALF_DOWN	5はゼロ方向に向けて丸め
decimal.ROUND_HALF_EVEN	5は偶数整数方向に向けて丸め
decimal.ROUND_HALF_UP	5はゼロから遠い方向に向けて丸め（いわゆる四捨五入）
decimal.ROUND_UP	ゼロから遠い方向に丸め（いわゆる切り上げ）
decimal.ROUND_05UP	ゼロ方向に丸めた後の最後の桁が0または5ならばゼロから遠い方向に、そうでなければゼロ方向に丸め

小数点以下の四捨五入計算例

四捨五入を使用する場合はROUND_HALF_UPを使用します。次ページのサンプルでは小数点から第3桁までそれぞれ四捨五入を計算しています。

■ recipe_150_01.py

```
from decimal import Decimal, ROUND_HALF_UP
x = Decimal("1.5454")
x0 = x.quantize(Decimal("0"), rounding=ROUND_HALF_UP)
print(x0)
x1 = x.quantize(Decimal("0.1"), rounding=ROUND_HALF_UP)
print(x1)
x2 = x.quantize(Decimal("0.01"), rounding=ROUND_HALF_UP)
print(x2)
x3 = x.quantize(Decimal("0.001"), rounding=ROUND_HALF_UP)
print(x3)
```

▼ 実行結果

```
2
1.5
1.55
1.545
```

整数部分の四捨五入計算例

丸めの桁で正を指定す場合、Decimal("1E1")等と指数で表記します。

■ recipe_150_02.py

```
from decimal import Decimal, ROUND_HALF_UP
x = Decimal("5454.1234")
x0 = x.quantize(Decimal("1E1"), rounding=ROUND_HALF_UP)
print(int(x0))
x1 = x.quantize(Decimal("1E2"), rounding=ROUND_HALF_UP)
print(int(x1))
x2 = x.quantize(Decimal("1E3"), rounding=ROUND_HALF_UP)
print(int(x2))
x3 = x.quantize(Decimal("1E4"), rounding=ROUND_HALF_UP)
print(int(x3))
```

▼ 実行結果

```
5450
5500
5000
10000
```

テキスト処理

151 文字列リストを連結したい

Syntax

メソッド	戻り値
"区切り文字".join([文字列1, 文字列2, ……])	区切り文字で文字列1、文字列2 ……を連結した文字列

▬ 文字列が格納されたリストの連結

文字列には、文字列リストを特定の文字で連結するjoinメソッドがあります。以下のコードでは、文字列が格納されたリストに対し、空白で単純に連結、カンマ区切りで連結しています。

■ recipe_151_01.py

```python
text_list = ['abc', 'def', 'ghi']
test1 = ''.join(text_list)
print(test1)
test2 = ','.join(text_list)
print(test2)
```

▼ 実行結果

```
abcdefghi
abc,def,ghi
```

また、mapと組み合わせると文字列以外と合わせて連結することも可能です。詳しくは「182　リストをCSV文字列に変換したい」を参照してください。

152 文字列に値を埋め込みたい

Syntax

置換フィールドの種類	メソッド	戻り値
{}単体 or {番号}	str型変数.format(変数1，変数2，……)	変数を埋め込ん だ文字列を返す
名前付きフィールド	str型変数.format(フィールド1=変数1，フィールド2=変数2，……)	

■ formatメソッド

文字列に値を埋め込む方法はいくつかあるのですが、以下2つがよく使われます。

▸ **formatメソッド**
▸ **フォーマット済み文字列リテラル**

ここでは、formatメソッドを使用する方法を紹介します。「153　フォーマット済み文字列リテラルを使いたい」も併せて参照してください。

置換フィールド

文字列に値を埋め込みたい箇所に記述する目印を、置換フィールドと呼びます。置換フィールドは中括弧で記述しますが、記法は3通りあり、置換フィールドの書式に応じてformatメソッドの引数の形式が異なります。

▸ {}
▸ {フィールド番号}
▸ {フィールド名}

■ 置換フィールド例

```
# 中括弧単体
"こんにちは、{}さん。現在{}時です。"
# フィールド番号
"こんにちは、{0}さん。現在{1}時です。"
# フィールド名
"こんにちは、{name}さん。現在{time}時です。"
```

中括弧単体

formatメソッドの引数に埋め込みたい値を列挙します。

■ recipe_152_01.py

```python
text = "こんにちは、{}さん。現在{}時です。"
name = "Suzuki"
time = 10

ftext = text.format(name, time)
print(ftext)
```

▼ 実行結果

```
こんにちは、Suzukiさん。
現在10時です。
```

フィールド番号

フィールド番号付きの場合、formatメソッドの引数は中括弧単体のときと同様に値を列挙するのですが、引数の順序とフィールド番号が対応づけられます。

```python
text = "こんにちは、{0}さん。現在{1}時です。"
name = "Suzuki"
time = 10

ftext = text.format(name, time)
print(ftext)
```

フィールド名

フィールド番号付きの場合、formatメソッドの引数にキーワードで指定します。

```python
text = "こんにちは、{name}さん。現在{time}時です。"
name = "Suzuki"
time = 10

# キーワード引数
ftext1 = text.format(name=name, time=time)
print(ftext1)
```

また、引数が長くなる場合は、右のように辞書でまとめて指定する方法もあります。

```python
# 前のコードの続き
# 辞書を指定
ftext2 = text.format(**{"name": name,
"time": time})
print(ftext2)
```

153 フォーマット済み文字列リテラルを使いたい

```
f' 文字列 {変数} 文字列 '
```

■ フォーマット済み文字列リテラル

Python 3.6以降、フォーマット済み文字列リテラルという機能が追加されました。通常の文字列リテラルの先頭にfもしくはFをつけ、代入したい変数を中括弧でくくるだけで変数が埋め込まれます。

■ recipe_153_01.py

```python
name = "Suzuki"
time = 10
text = f"こんにちは、{name}さん。現在{time}時です。"
print(text)
```

▼ 実行結果

```
こんにちは、Suzukiさん。現在10時です。
```

ただし、未定義変数がある場合はNameErrorが発生して使用できないという点に注意してください。以下のコードは、実行すると1行目でNameErrorが発生するため、前項で解説したformatを使用するなどしてください。

```python
text = f"こんにちは、{name}さん。現在{time}時です。"
name = "Suzuki"
time = 10
```

154 文字列を置換したい

メソッド	戻り値
str型変数.replace(old, new)	文字列のoldをnewに置換した文字列
str型変数.replace(old, new, count)	文字列のoldをnewにcountで指定した回数置換した文字列

文字列の置換

文字列にはreplaceメソッドという置換用のメソッドがあります。以下のコードでは、適当な文字列text1のスペースをアンダーバーに置換しています。戻り値で置換後の文字列が得られ、元の文字列自体は更新されないという点に留意してください。

■ recipe_154_01.py

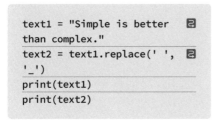

```
text1 = "Simple is better
than complex."
text2 = text1.replace(' ',
'_')
print(text1)
print(text2)
```

▼ 実行結果

```
Simple is better than complex.
Simple_is_better_than_complex.
```

countの指定

また、第3引数を指定すると置換回数を指定することができます。最初の1回だけ置換する場合、以下のように記述します。

■ recipe_154_02.py

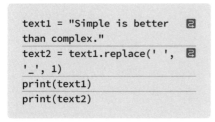

```
text1 = "Simple is better
than complex."
text2 = text1.replace(' ',
'_', 1)
print(text1)
print(text2)
```

▼ 実行結果

```
Simple is better than complex.
Simple_is better than complex.
```

155 文字列が含まれるか判定したい

Syntax

構文	意味
str型変数1 in str型変数2	str型変数1の文字列がstr型変数2の文字列に含まれる場合はTrue

文字列の包含判定

inはリストやsetに要素が含まれているかどうかを判定しますが、文字列の場合はある文字列が含まれるかどうかを判定することができます。結果はbool型で返されます。大文字小文字全角半角は、厳密に区別されるという点に注意してください。

以下のコードでは、ある文字列に"pen"という文字列が含まれているかどうかを判定し、結果をprint出力しています。

■ recipe_155_01.py

```
text = "This is a pen."
contains =  "pen" in text
print(contains)
```

▼ 実行結果

```
True
```

大文字小文字を区別したくない場合は、いったんどちらかにすべて置換する方法があります。以下のコードでは、いったんすべて小文字に置換して判定しています。

■ recipe_155_02.py

```
text = "This is a pen."
contains =  "THIS".lower() in text.lower()
print(contains)
```

▼ 実行結果

```
True
```

277

## 156

文字列の一部を取り出したい

構文	意味
str型変数[start:stop]	文字列のstart番目からstop番目の手前まで文字列を取り出す

■ インデックスを指定した文字の取り出し

文字列はシーケンスなので、インデックスを指定して文字を取り出すことができます。末尾は-1で指定することができます。例えば、ある文字列の (0から数えて) 0番目、3番目、末尾を取り出す場合、以下のように記述します。

■ recipe_156_01.py

```python
text = 'abcdefg'
c1 = text[0]
c2 = text[3]
c3 = text[-1]
print(c1, c2, c3)
```

▼ 実行結果

```
a d g
```

■ スライス構文を利用した部分文字列の取り出し

さらにリストなどのシーケンスと同様、スライス構文を使用するとインデックスで指定した範囲の文字を切り出すことができます。以下のコードでは、文字列の (0から数えて) 3番目から5番目まで取り出しています。

■ recipe_156_02.py

```python
text = 'abcdefg'
sub_strig = text[3:6]
print(sub_strig)
```

▼ 実行結果

```
def
```

157 文字列の不要な空白を除去したい

Syntax

メソッド	戻り値
str型変数.strip()	文字列の両側をトリミングした文字列
str型変数.rstrip()	文字列の右側をトリミングした文字列
str型変数.lstrip()	文字列の左側をトリミングした文字列

■ stripメソッドによる左右両側の空白のトリミング

テキスト処理をしていると、前後に不要な空白が出てくることがあります。正規表現等で置換してもよいのですが、Pyhtonの文字列には不要な文字列を除去するstripというメソッドが用意されています。以下のコードでは、両側に空白のあるテキストをトリミングしてprint出力しています。トリミングされていることを確認するため、print出力時に両端に"*"を表示させています。

■ recipe_157_01.py

```python
text = " abcdefg "
stripped = text.strip()
print("*" + stripped + "*")
```

▼ 実行結果

```
*abcdefg*
```

■ rstrip、lstripメソッドによる左右片側の空白のトリミング

また、右側もしくは左側のみ空白を除去したい場合は、rstrip、lstripメソッドを使用します。次ページのコードでは、両側に空白のあるテキストを右、左それぞれトリミングしてprint出力しています。

■ recipe_157_02.py

```
text = " abcdefg "

# 右側の空白を除去
r_stripped = text.rstrip()
print("*" + r_stripped + "*")

# 左側の空白を除去
l_stripped = text.lstrip()
print("*" + l_stripped + "*")
```

▼ 実行結果

```
* abcdefg*
*abcdefg *
```

158 文字列の大文字、小文字を変換したい

<table>
<tr><td colspan="2">Syntax</td></tr>
</table>

メソッド	処理と戻り値
str型変数.upper()	文字列をすべて大文字に変換した文字列を返す
str型変数.lower()	文字列をすべて小文字に変換した文字列を返す

大文字・小文字の変換

upperメソッド

文字列のupperメソッドを使用すると、すべての文字を大文字に変換することができます。以下のコードでは、大文字小文字が混ざった文字列をすべて大文字に変換しています。

■ recipe_158_01.py

```python
text = "abcEDFghi"
upper_text = text.upper()
print(upper_text)
```

▼ 実行結果

```
ABCEDFGHI
```

lowerメソッド

lowerメソッドを使用すると小文字に変換することができます。以下のコードでは、大文字小文字が混ざった文字列をすべて小文字に変換しています。

■ recipe_158_02.py

```python
text = "abcEDFghi"
lower_text = text.lower()
print(lower_text)
```

▼ 実行結果

```
abcedfghi
```

文字列の種類を判別したい

メソッド	戻り値
str型変数.isalnum()	すべての文字が英数字でかつ1文字以上あるならTrue
str型変数.isalpha()	すべての文字が英字でかつ1文字以上あるならTrue
str型変数.isascii()	すべての文字がASCIIか、空文字の場合True
str型変数.isdecimal()	すべての文字が10進数の数字でかつ1文字以上あるなら True
str型変数.islower()	すべての文字が小文字でかつ1文字以上あるならTrue
str型変数.isupper()	すべての文字が大文字でかつ1文字以上あるならTrue
str型変数.isspace()	すべての文字が空白文字でかつ1文字以上あるならTrue

■ is……メソッド

Pythonの文字列には、is……()という判定系のメソッドが豊富に提供されています。例えば入力値チェックで文字列がASCIIであるかどうか判別したい場合、isasciiメソッドが利用できます。以下のコードでは、文字列のすべての文字がASCIIのみかどうか、10進数の数字のみかどうかを判定しています。

■ recipe_159_01.py

```python
text1 = "abc123"
text2 = "123"

# ASCIIのみかどうか
print(str.isascii(text1))
print(str.isascii(text2))

# 10進数の数字のみかどうか
print(str.isdecimal(text1))
print(str.isdecimal(text2))
```

▼ 実行結果

```
True
True
False
True
```

注意が必要なのが全角の扱いで、isalnum、isalpha、isdecimal、isspaceなどは全角でも条件を満たしていればTrueが返されます。次ページのコードは、全角文字列について判定を行っていますが、いずれもTrueとなります。

■ recipe_159_02.py

```python
print(str.isalnum("ａｂｃ１２３"))
print(str.isalpha("ａｂｃ"))
print(str.isdecimal("１２３"))
print(str.isspace("　"))      # 全角スペース
```

▼ 実行結果

```
True
True
True
True
```

160 文字列を区切り文字で 分割したい

Syntax

メソッド	処理と戻り値
`str型変数.split(区切り文字)`	文字列を区切り文字で分割し、リストで返す

■ 文字列の分割

splitメソッドを使用すると、引数で指定した区切り文字で文字列を分割したリストを得ることができます。以下のコードでは、スペース区切りのテキストをリストに変換しています。

■ recipe_160_01.py

```python
text = "Sparse is better than dense."
l = text.split(" ")
print(l)
```

▼ 実行結果

```
['Sparse', 'is', 'better', 'than', 'dense.']
```

161 文字列をゼロ埋めしたい

Syntax

メソッド	処理と戻り値
str型変数.zfill(桁数)	指定した長さとなるように0で左詰めした文字列を返す

■ 文字列のゼロ埋め

zfillメソッドを使用すると、引数で指定した長さになるように0で左詰めした文字列を得ることができます。以下のコードでは、2桁の数字をいったん文字列に変換し、zfillメソッドで4桁にゼロ埋めしています。

■ recipe_161_01.py

```
num = 92
num_str = str(92)
zfilled = num_str.zfill(4)
print(zfilled)
```

▼ 実行結果

```
0092
```

162 文字列を左右、中央に寄せたい

メソッド	戻り値
str型変数.rjust(文字数，埋める文字)	指定した文字および文字数で右寄せした文字列
str型変数.ljust(文字数，埋める文字)	指定した文字および文字数で左寄せした文字列
str型変数.center(文字数，埋める文字)	指定した文字および文字数で中央寄せした文字列

■ 左右、中央寄せ

文字列には指定文字で指定数埋め、さらに左右、中央寄せをするrjust、ljust、centerというメソッドがあります。いずれも引数には桁数、埋める文字を指定します。以下のコードでは、3文字の文字列を6文字に "*" で埋めつつ左右、中央寄せしています。

■ recipe_162_01.py

```python
text = "abc"

# 右寄せ
rjust_text = text.rjust(6, '*')
print(rjust_text)

# 左寄せ
ljust_text = text.ljust(6, '*')
print(ljust_text)

# 中央寄せ
centralized_text = text.center(6, '*')
print(centralized_text)
```

▼ 実行結果

```
***abc
abc***
*abc**
```

163 文字列を数値に変換したい

Syntax

関数	戻り値
int(str型変数)	指定した文字列からint型を生成して返す
float(str型変数)	指定した文字列からfloat型を生成して返す

▬ int関数での整数への変換

int関数の引数に数字文字列を指定すると、int型に変換することができます。例えば'1222'という文字列を数値に変換する場合、以下のように記述します。

■ recipe_163_01.py

```
text = "1222"
num = int(text)
print(num, type(num))
```

▼ 実行結果

```
1222 <class 'int'>
```

また、int型に変換できない文字の場合はValueErrorが発生します。int()は小数点もエラーとなる点に注意してください。

■ recipe_163_02.py

```
int("1.2")
```

▼ 実行結果

```
ValueError: invalid literal for int() with base 10: '1.2'
```

■ float関数での変換

同様に、float関数も引数に文字列を渡すと、float型に変換することができます。

■ recipe_163_03.py

```python
text = "3.14159"
num = float(text)
print(num, type(num))
```

▼ 実行結果

```
3.14159 <class 'float'>
```

■ 数値型への変換可否チェック

文字列に数字であることを判別するisdecimalメソッドがありますが、小数点、マイナス符号に対応していないため、数値型へ変換できるかどうかの判定に使用するには難があります。実際に変換して、ValueErrorが発生するかどうかで判定する方法がベターです。

■ 163_04.py

```python
def is_float(val):
    try:
        num = float(val)
    except ValueError:
        return False
    return True

def is_int(val):
    try:
        num = int(val)
    except ValueError:
        return False
    return True

print( is_float("23") )      # True
print( is_float("23.2") )    # True
print( is_float("23x") )     # False

print( is_int("23") )        # True
print( is_int("23.2") )      # False
print( is_int("23x") )       # False
```

164 特定の文字列を含む行だけ抽出したい

```
[line for line in text.split("¥n") if "特定の文字列" in line]
```

※改行コードが¥nの場合とします
※textは処理対象のstr型変数を指します

■ 特定行の抽出

　文字列のsplitメソッドとリスト内包表記を使用すると、特定の文字列を含む行だけ抽出することができます。少し複雑なので処理の順を追って解説します。まず、テキストをsplitメソッドで改行コードで分割します。これにより、1行ずつ格納されたリストが構築されます。次に、リスト内包表記で特定文字列を含む行のみを抽出することにより、特定の文字列を含む行だけ抽出することができます。

　また、joinで1行ごとに改行コードでつなげると、元のテキストから特定の文字列を含んだ行のみを抽出したテキストを構築することができます。

　以下のコードは、冒頭のイディオムをステップごとに書き直したもので、文字列「com」を含む行を抽出しています。

■ recipe_164_01.py

```python
text = """Beautiful is better than ugly.
Explicit is better than implicit.
Simple is better than complex.
Complex is better than complicated.
"""

lines = text.split("¥n")
line_list = [line for line in lines if "com" in line]
new_text = "¥n".join(line_list)
print(new_text)
```

▼ 実行結果

```
Simple is better than complex.
Complex is better than complicated.
```

テキストの空白行を削除したい

```
[line for line in text.split("¥n") if line.strip() != ""]
```

※textは空白行を削除したいstr型変数を指します

空白行の削除

　特定の文字列を含む行だけ抽出する場合と同じ考え方で、テキストの空白行を除去することができます。まず、splitメソッドで改行コードで分割したリストに変換し、リスト内包表記で空行もしくはブランクのみではない行のみを抽出します。また、joinで1行ごとに改行コードでつなげると、元のテキストから空白行を除去したテキストを構築することができます。

　以下のコードは、冒頭のイディオムをステップごとに書き直したものです。

■ recipe_165_01.py

```
text =   """The Zen of Python, by Tim Peters

Beautiful is better than ugly.


Explicit is better than implicit.
"""
lines = text.split("¥n")
line_list = [line for line in lines if line.strip() != ""]
new_text = "¥n".join(line_list)
print(new_text)
```

▼ 実行結果

```
The Zen of Python, by Tim Peters
Beautiful is better than ugly.
Explicit is better than implicit.
```

166 半角、全角を変換したい

Syntax

● mojimojiのインストール

```
pip install mojimoji
```

● mojimojiのインポート

```
import mojimoji
```

● 全角・半角の変換

関数	戻り値
zen_to_han(str型変数)	全角を半角に変換した文字列
han_to_zen(str型変数)	半角を全角に変換した文字列

半角、全角の変換

テキスト解析の前処理などで全半角を統一したい場合がありますが、mojimojiという半角、全角の変換用サードパーティ製ライブラリを使用すると、全半角の変換を行うことが可能です。

全角から半角へ変換する

zen_to_han関数で、全角から半角へ変換することができます。さらにkana、digit、asciiというオプションをキーワード引数で指定すると、カナ、数字、アルファベットの無効化を指定することができます。

■ recipe_166_01.py

```
import mojimoji

text = "ｐｙｔｈｏｎ パイソン 1000"
print(mojimoji.zen_to_han(text))
print(mojimoji.zen_to_han(text, kana=False))
print(mojimoji.zen_to_han(text, digit=False))
print(mojimoji.zen_to_han(text, ascii=False))
```

▼ 実行結果

```
python パ゜イソン 1000
python パイソン 1000
python パ゜イソン １０００
ｐｙｔｈｏｎ パ゜イソン 1000
```

半角から全角に変換する

han_to_zen関数を使用すると、半角から全角へ変換することができます。zen_to_hanと同様、kana、digit、asciiというオプションをキーワード引数で指定すると、カナ、数字、アルファベットの無効化を指定することができます。

■ recipe_166_02.py

```
import mojimoji

text = "python パ゜イソン 1000"
print(mojimoji.han_to_zen(text))
print(mojimoji.han_to_zen(text, kana=False))
print(mojimoji.han_to_zen(text, digit=False))
print(mojimoji.han_to_zen(text, ascii=False))
```

▼ 実行結果

```
ｐｙｔｈｏｎ　パイソン　１０００
ｐｙｔｈｏｎ　パ゜イソン　１０００
ｐｙｔｈｏｎ　パイソン　1000
python パイソン １０００
```

167

bytes型と文字列を変換したい

Syntax

● bytes型から文字列への変換

メソッド	処理と戻り値
bytes型変数.decode(encoding='エンコーディング')	bytes型を文字列にデコードして返す

▶ 代表的なエンコーディング

encoding	意味
ascii	ASCII
shift_jis	シフトJIS
utf_8	UTF-8
utf_8_sig	UTF-8（BOM付き）

● 文字列からbytes型への変換

メソッド	処理と戻り値
str型変数.encode()	bytes型にエンコードして返す

■ bytes型から文字列への変換

　ファイルや通信といった、外部リソースとのバイナリデータでのやりとりによく使われるbytes型ですが、バイナリデータの内容がテキストの場合は、decodeメソッドでPythonの文字列にデコードすることができます。引数にencodingを指定しますが、省略した場合はutf_8が適用されます。なお、encodingのアンダースコアはハイフンで書かれることもありますが、どちらも正しい書き方です（shift_jisとshift-jis、utf_8とutf-8）。

　例えば、ひらがなの"あ"はUTF-8ではE38182となりますが、このバイト列をデコードする場合、以下のようになります。

■ recipe_167_01.py

```
b = bytes([0xE3, 0x81, 0x82])
s = b.decode(encoding='utf_8')
print(s)
```

▼ 実行結果

```
あ
```

また、文字コードに対応していないバイナリデータをデコードしようとすると、UnicodeDecodeError
が発生します。

文字列からbytes型への変換

逆に文字列からbytes型にエンコードする場合、encodeメソッドを使用します。以下のコードでは、
先ほどとは逆に文字列"あ"をbytes型にエンコードしています。

■ recipe_167_02.py

```
s = "あ"
b = s.encode()
print(b)
```

▼ 実行結果

```
b'¥xe3¥x81¥x82'
```

168 文字コードを判定したい

Syntax

● chardetのインストール

```
pip install chardet
```

● chardetのインポート

```
import chardet
```

● 文字コードの判定

関数	戻り値
chardet.detect(bytes型)	文字コードに関する情報が格納された辞書 encoding:文字コード、confidence:判定結果の信頼性、 language:言語

━ 文字コードの判定

　Web上や社内の共有フォルダ上といった、雑多な場所からさまざまなテキストを収集して分析する場合などでは、必ずしも文字コードが統一されているわけではないため、そのまま開くと文字化けする場合があります。chardetを使用するとテキストなどの文字コードを判定することが可能です。以下のコードでは、テキストファイルの文字コードを判定しています。判定の際はバイナリでファイルを開きます。

　以下のサンプルコードは、tmp.txtというUTF-8のファイルの文字コードを調べています。戻り値は辞書形式となります。

■ recipe_168_01.py

```python
import chardet
with open("tmp.txt", mode='rb') as f:
    result = chardet.detect(f.read())
    print(result)
```

▼ 実行結果

```
{'encoding': 'utf-8', 'confidence': 0.9690625, 'language': ''}
```

なお、languageは検出できない場合があります。

## 168

■ 大きいサイズのファイルの判定

文字列判定時、比較的大きなサイズのデータで判定をすると時間がかかります。そんな場合、UniversalDetectorを利用しfeedメソッドで少しずつ判定を行い、信頼性がある一定以上になればそこで判定を終わる、という方法があります。以下のサンプルは、先ほどのサンプルをUniversalDetectorを使用して書き換えています。

■ recipe_168_02.py

```python
import chardet
from chardet.universaldetector import UniversalDetector

detector = UniversalDetector()

with open("tmp.txt", mode='rb') as f:
    for b in f:
        detector.feed(b)
        if detector.done:
            break

detector.close()
print(detector.result)
```

169 ランダムな文字列を生成したい

Syntax

構文	意味
`''.join(random.choices("文字セット", k=N))`	文字セットから選んだランダムな N文字の文字列

ランダム文字列の生成

初期パスワードやトークンでランダム文字列を生成したいことがあるかと思いますが、Python 3.6以降の場合、標準ライブラリrandomのchoicesメソッドを使用すると、簡単にランダム文字列を生成することができます。3.6より古い場合は少し工夫が必要です。

random.choicesメソッドによるランダム文字列生成

random.choicesメソッドは、引数で指定したシーケンシャルオブジェクトから重複ありで指定した個数分、ランダムに要素を抜き出します。Pythonの文字列はシーケンシャルなオブジェクトですので、ASCII文字列からランダムな5文字を得る場合には、以下のようにします。kで抜き出す文字数5を指定しています。

■ recipe_169_01.py

```python
import random
letters = 'abcdefghijklmnopqrstuvwxyzABCDE
FGHIJKLMNOPQRSTUVWXYZ0123456789'
rl = random.choices(letters, k=5)
print(rl)
```

▼ 実行結果

```
['R', 'n', 'J', 
'T', 'k']
```

※実行するたびに結果が変わります

上のサンプルの通り、ランダムに5文字選ばれました。あとはjoinで結合するだけです。また、ASCII文字セットはstringモジュールで提供されているため、これを使用したほうがスマートでしょう。

属性	文字セット
`ascii_letters`	ASCIIアルファベット
`ascii_lowercase`	ASCIIアルファベット小文字
`ascii_uppercase`	ASCIIアルファベット大文字
`digits`	数字

以上を合わせると、以下のようになります。

■ recipe_169_02.py

▼ 実行結果

```
import random
import string

# ASCII文字列で生成する場合
rtext1 = ''.join(random.choices(string.ascii_
letters, k=5))
print(rtext1)

# ASCIIと数字で生成する場合
rtext2 = ''.join(random.choices(string.ascii_letters
+ string.digits, k=5))
print(rtext2)
```

```
MIurx
h2PiP
```

random.choiceメソッドによるランダム文字列生成（Python 3.6より前）

3.6より古い場合は、random.choiceメソッドを使用します。random.choiceメソッドは、引数で指定したシーケンスからランダムに要素を1つ抜き出します。これを利用し、リスト内包表記でchoicesメソッドと同様のリストを作成します。

```
import random
import string

# ASCII文字列で生成する場合
rtext1 = ''.join([random.choice(string.ascii_letters) for _ in
range(5)])
# ASCIIと数字で生成する場合
rtext2 = ''.join([random.choice(string.ascii_letters + string.
digits) for _ in range(5)])
```

170 正規表現を使いたい

Syntax

- reモジュールのインポート

```
import re
```

正規表現

正規表現は、メタ文字と呼ばれる文字を利用して、文字列の検索パターンを表すことができます。任意のテキストの中からこの検索パターンに合致する文字列を抽出したり、置換といったテキスト処理を行うことができます。Pythonで正規表現を使用する場合、標準ライブラリのreモジュールを使用します。reモジュールには、以下の関数が用意されています。

関数	戻り値
findall	マッチする文字列をリストで返す
split	マッチする文字列で元の文字列を分割したリストを返す
sub	マッチする文字列を置換した文字列を返す
search	マッチする文字列がある場合、Matchオブジェクトを返す

それぞれの使い方については次項以降で解説します。

利用できる正規表現はperlの正規表現と同等です。利用できるものとして、次ページの表のようなものが挙げられます。

また、いくつかの正規表現はフラグの指定により、マッチングの挙動を変えることができます。「177 正規表現で複数行にまたがる処理をしたい」を参照してください。

raw文字列の使用

Pythonで正規表現文字列を使用する場合、エスケープが必要なメタ文字があるため、raw文字列を使用することをおすすめします。例えば、バックスラッシュのリテラルをパターン中に記述する場合、正規表現では'￥￥'となり、raw文字列を使用しない場合はさらにPythonのエスケープが必要で、'￥￥￥￥'と書く必要があります。

次ページのコードは、Windowsのネットワークドライブのパスで"￥￥my-host￥"までの一致を調べるための正規表現です。raw文字列を使用しない場合、可読性がかなり落ちるということがわかるかと思います。

■ raw文字列を使用しない場合

```
regex = "¥¥¥¥¥¥¥¥my-host¥¥¥¥.*"
```

■ raw文字列を使用した場合

```
regex = r"¥¥¥¥my-host¥¥.*"
```

● 代表的な正規表現

正規表現	意味	例	例の解説
.	改行以外の任意の文字	...	改行以外の任意の3文字
^	文字列の先頭	^...	先頭から3文字
$	文字列の末尾、あるいは文字列の末尾の改行の直前	...$	末尾までの3文字
*	直前の正規表現が0以上繰り返し	ab*c	abcもしくはacに一致
+	直前の正規表現が1以上繰り返し	ab+c	abcに一致
?	直前の正規表現が0回もしくは1回存在	abcd?	abcもしくはabcdに一致
|	いずれか	ab|cd	abもしくはcdに一致
(……)	括弧内をグルーピングする	x(ab|cd)	xから始まり、abもしくはcdに一致
¥	直後の正規表現記号をエスケープ	¥¥	¥に一致
[……]	角括弧内のいずれか1文字	[abc] [a-c]	a,b,cいずれかに一致
[^……]	角括弧内のいずれでもない	[^abc] [^a-c]	a,b,cいずれにも一致しない
{n}	直前の正規表現の繰り返し数	A{3}	Aの3回繰り返しに一致
{n,}	直前の正規表現の最小繰り返し数	A{3,}	Aの3回以上繰り返しに一致
{n,m}	直前の正規表現の繰り返し数の範囲	A{3,6}	Aの3回以上6回以下繰り返しに一致

171 正規表現を用いて検索したい

Syntax

関数	処理と戻り値
`re.findall("正規表現文字列", "文字列")`	指定した正規表現にマッチする文字列をリストで返す

正規表現による検索

findall関数を使用すると、指定した条件にマッチする文字列をリストで得ることができます。以下のコードは、文字列に含まれる「tと任意の1文字」という部分文字列を正規表現を使用して検索しています。

■ recipe_171_01.py

```python
import re
text = "In the face of ambiguity, refuse the temptation to guess."
match_list = re.findall(r"t.", text)
print(match_list)
```

▼ 実行結果

```
['th', 'ty', 'th', 'te', 'ta', 'ti', 'to']
```

Chap 11 テキスト処理

172　正規表現を用いて置換したい

Syntax

関数	処理と戻り値
re.sub("正規表現文字列", "置換する文字列", "置換される文字列")	正規表現で置換処理を行った文字列を返す

■ 正規表現による置換

　reモジュールのsub関数を使用すると、正規表現で置換をすることができます。以下のコードでは、すべての空白文字"¥s"を記号の"_"に置き換えています。

■ recipe_172_01.py

```python
import re
text = "Beautiful is better than ugly."
replaced = re.sub(r"¥s", "_", text)
print(replaced)
```

▼ 実行結果

```
Beautiful_is_better_than_ugly.
```

正規表現で
テキストを分割したい

Syntax

関数	処理と戻り値
re.split("正規表現文字列", "対象文字列")	正規表現でマッチした箇所で分割した文字列リストを返す

■ 正規表現による分割

reモジュールのsplit関数を使用すると、正規表現でマッチした箇所で分割した文字列リストを得ることができます。以下のコードは、数字・アルファベット以外の文字を区切りとして文字列を分割しています。

■ recipe_173_01.py

```python
import re

text = "Special cases aren't special enough to break the rules."
splited = re.split(r"[^a-zA-Z0-9]+", text)
print(splited)
```

▼ 実行結果

```
['Special', 'cases', 'aren', 't', 'special', 'enough', 'to',
'break', 'the', 'rules', '']
```

174 正規表現グループを使用したい

（正規表現文字列）

正規表現グループ

正規表現グループを使用すると、目的の一致オブジェクトをグルーピングして取得することができます。データ分析やETLツールの実装でよく使用される便利な機能です。

例えば、商品情報としてid、カタログコード、商品名が可変長のスペース区切りで羅列された、以下のようなデータがあったとします。

```
101 CF001    コーヒー
102 CF002    コーヒー（お徳用）
201 TE01     紅茶
202 TE02     紅茶（お徳用A）
203 TE03     紅茶（お徳用B）
```

商品idが数値、カタログコードがアルファベット大文字と数字の組み合わせ、商品名が任意の文字列である場合、それぞれのフィールドは以下のように表すことができるものとします。

▸ **商品id：[0-9]+**
▸ **カタログコード：[0-9A-Z]+**
▸ **商品名：.***
▸ **区切り文字：スペース+**

これらの正規表現をグループで表すと、以下のように記述することができます。

```
([0-9]+) +([0-9A-Z]+) +(.*)
```

次ページのコードはこのグループをパターンとして指定し、タプルとしてパースしています。

■ recipe_174_01.py

```python
import re
text = """101 CF001    コーヒー
102 CF002    コーヒー（お徳用）
201 TE01     紅茶
202 TE02     紅茶（お徳用A）
203 TE02     紅茶（お徳用B）"""

items = re.findall(r'([0-9]+) +([0-9A-Z]+) +(.*)', text)
print(items)
```

▼ 実行結果

```
[('101', 'CF001', 'コーヒー'), ('102', 'CF002', 'コーヒー（お徳用）'), ⏎
('201', 'TE01', '紅茶'), ('202', 'TE02', '紅茶（お徳用A）'), ('203', ⏎
'TE02', '紅茶（お徳用B）')]
```

項目ごとにグルーピングできたことが確認できます。

175 正規表現の一致箇所を調べたい

関数	処理と戻り値
`re.search("正規表現文字列", "対象文字列")`	正規表現でマッチした最初の箇所の情報が格納されたMatchオブジェクトを返す

● Matchオブジェクトのメソッド

メソッド	戻り値
`m.start()`	開始インデックス
`m.end()`	終了インデックス
`m.span()`	開始、終了インデックスのタプル
`m.group()`	一致文字列
`m.groups()`	正規表現グループに一致する要素のタプル

※mはMatchオブジェクトを指します

■ Matchオブジェクトと正規表現一致箇所

reモジュールのsearch関数は、正規表現でマッチした最初の箇所の情報が格納されたMatchオブジェクトを返します。Matchオブジェクトを使用すると、一致箇所の文字列に加え、開始、終了位置といった情報を得ることができます。

以下のコードは、pと任意の3文字の文字列 ("p...") の一致箇所と一致文字列をprint出力しています。

■ recipe_175_01.py

```python
import re
text = "Errors should never pass silently."
m_obj = re.search(r"p...", text)
print(m_obj.group())
print(m_obj.start())
print(m_obj.end())
```

▼ 実行結果

```
pass
20
24
```

また、正規表現グループにも対応しており、groupsを使用すると正規表現グループに一致する要素のタプルを得ることができます。以下のコードは、(nと任意の4文字) ＋スペース＋ (pと任意の3文字)という正規表現グループを指定し、一致文字列とそのリストをprint出力しています。

■ recipe_175_02.py

```python
import re
text = "Errors should never pass silently."
m_obj = re.search(r"(n....)¥s(p...)", text)
print(m_obj.group())
print(m_obj.groups())
```

▼ 実行結果

```
never pass
('never', 'pass')
```

176 GreedyとLazyを使い分けたい

記法	意味
正規表現	Greedy
正規表現?	Lazy

■ GreedyとLazy

正規表現がGreedy（貪欲）とは、パターンにマッチする文字列を抽出した際、マッチする最大範囲が抽出される状況を指します。一方、Lazy（怠惰な）とは「可能な限り少ない」マッチングを取得することを指します。なお、Lazyはminimalと呼ばれる場合もあります。Pythonの正規表現は、デフォルトではGreedyに動作しますが、末尾に?をつけたパターンはLazyに動作します。

以下のコードでは「tからスペースまで」を検索しようとしています。最大範囲としてtheからtoまで検索されています。

■ recipe_176_01.py

```python
import re
text = "In the face of ambiguity, refuse the temptation to guess."
match_list = re.findall(r"t.*¥s", text)
print(match_list)
```

▼ 実行結果

```
['the face of ambiguity, refuse the temptation to ']
```

一方、?をつけてLazyに動作させると、tから直近のスペースまでがマッチされていることが確認できます。

■ recipe_176_02.py

```python
match_list = re.findall(r"t.*?¥s", text)
```

▼ 実行結果

```
['the ', 'ty, ', 'the ', 'temptation ', 'to ']
```

177 正規表現で複数行にまたがる処理をしたい

Syntax

正規表現	意味
.	改行以外の任意の文字、フラグにDOTALLが指定されている場合は改行も含むすべての文字
^	文字列の先頭、MULTILINEモードの場合はそれらに加え、各改行の直後
$	文字列の末尾、あるいは文字列の末尾の改行の直前、MULTILINEモードの場合はそれらに加え、改行の直前

━ DOTALLフラグとMULTILINEモード

これまで紹介したfindall()、split()、sub()、search()は、引数のflagsを指定することによる正規表現の挙動を変えることができます。re.DOTALLを指定すると、"."は改行を含めたあらゆる文字にマッチするようになります。また、re.MULTILINEを指定すると、"^"に改行直後、"$"に改行の直前がマッチ対象として追加されます。re.DOTALLとre.MULTILINEを両方指定する場合は、"|"でつなげて指定します。

以下のコードでは、複数行にまたがるテキストに対し、findallで^.*?$との一致を検索しています。flagsを指定しない場合、.*は最初の改行までしかマッチしないのですが、DOTALLを指定することで全行にまたがり一致検索が走っていることが確認できます。また、MULTILINEを指定することにより、"^"と"$"が改行前後でマッチしていることが確認できます。

■ recipe_177_01.py

```python
import re

text = """Beautiful is better than ugly.
Explicit is better than implicit.
Simple is better than complex."""

l1 = re.findall(r"^.*?$", text)
print(l1)

l2 = re.findall(r"^.*?$", text, flags=re.DOTALL)
print(l2)
```

⟨⟩

```
l3 = re.findall(r"^.*?$", text, flags=re.DOTALL | re.MULTILINE)
print(l3)
```

▼ 実行結果

```
[]
['Beautiful is better than ugly.¥nExplicit is better than
implicit.¥nSimple is better than complex.']
['Beautiful is better than ugly.', 'Explicit is better than
implicit.', 'Simple is better than complex.']
```

リスト・辞書の操作

Chapter

12

178

N個の同じ要素からなる
リストを生成したい

Syntax

```
[要素] * N
```

━ リストと*演算子

リストは、*NでN回複製したリストをつなげたリストを得ることができます。

■ recipe_178_01.py

```
l1 = [1, 2, 3]
l2 = l1 * 3
print(l2)
```

▼ 実行結果

```
[1, 2, 3, 1, 2, 3, 1, 2, 3]
```

これを利用すると、N個の同じ要素からなるリストを生成することが可能です。例えば、すべての値が0、要素数100のリストを生成する場合、以下のように書くことができます。

```
l = [0] * 100
```

179 リストを結合したい

Syntax

- 演算子を使用した連結

演算子	意味
`list型変数1 + list型変数2`	list型変数1、list型変数2を結合

- extendメソッドで連結

メソッド	処理と戻り値
`list型変数1.extend(list型変数2)`	list型変数1にlist型変数2を結合する 戻り値なし

■ +演算子を使用したリストの結合

+演算子でリストを結合することができます。以下のコードではl1、l2を結合した結果をl3に代入しています。元のl1、l2には変更がないことが確認できます。

■ recipe_179_01.py

```python
l1 = ["りんご", "みかん", "バナナ"]
l2 = ["いちご", "オレンジ", "パイナップル"]
l3 = l1 + l2
print(l1)
print(l2)
print(l3)
```

▼ 実行結果

```
['りんご', 'みかん', 'バナナ']
['いちご', 'オレンジ', 'パイナップル']
['りんご', 'みかん', 'バナナ', 'いちご', 'オレンジ', 'パイナップル']
```

■ extendを使用したリストの結合

extendメソッドを使用すると、リストに対して別のリストを結合することができます。メソッドを実行したリスト自身に変更がある点に注意してください。次ページのコードでは、リストl1にl2を結合しています。

■ recipe_179_02.py

```
l1 = ["りんご", "みかん", "バナナ"]
l2 = ["いちご", "オレンジ", "パイナップル"]
l1.extend(l2)
print(l1)
```

▼ 実行結果

```
['りんご', 'みかん', 'バナナ', 'いちご', 'オレンジ', 'パイナップル']
```

l1にl2が結合されたことが確認されます。

180 リストの要素をソートしたい

Syntax

● sorted関数を使用したソート

関数	戻り値
sorted(list型変数)	引数で指定したリストをソートした新たなリストを返す

● sortメソッドを使用したソート

メソッド	処理と戻り値
list型変数.sort()	リスト自身をソートする。戻り値なし

― リストのソート

リストをソートする場合、以下の2通りの方法があります。

▶ **組み込みのsorted関数を利用する方法** (元のリストは変更されず、ソートされたリストが得られる)
▶ **リスト自身が持つsortメソッドを利用して自身をソートする方法**

sorted関数

新たにソートされたリストを生成したい場合、sorted関数を利用します。戻り値にソート済みの新たなリストが得られ、上述の通り元のリストには変更がありません。

● 昇順にソートする

引数にソートしたいリストを指定すると、昇順にソートすることができます。

■ recipe_180_01.py

```python
l1 = ['d', 'b', 'c', 'a']
l2 = sorted(l1)
print(l2)
```

▼ 実行結果

```
['a', 'b', 'c', 'd']
```

● ソート順序を逆順にする

引数のreverseにTrueを指定すると、ソート順序が逆順になります。

■ recipe_180_02.py

```python
l1 = ['d', 'b', 'c', 'a']
l2 = sorted(l1, reverse=True)
print(l2)
```

▼ 実行結果

```
['d', 'c', 'b', 'a']
```

● 大文字/小文字を区別せずにソートする

keyにソートする関数オブジェクトを指定すると、ソート前に処理を実行することができます。例えば、引数keyにstr.lowerを指定すると、ソート処理前にリストの各要素がいったんすべて小文字に変換され、それらがソートされた結果が返却されます。

■ recipe_180_03.py

```python
l1 = ['bc', 'ac', 'bD', 'AB']
l2 = sorted(l1)
print(l2)

l2 = sorted(l1, key=str.lower)
print(l2)
```

▼ 実行結果

```
['AB', 'ac', 'bD', 'bc']
['AB', 'ac', 'bc', 'bD']
```

key=str.lowerを指定することにより、大文字、小文字の区別なくソートされていることが確認できます。

___ sortメソッド

元のリスト型変数自身をソートする場合、sortメソッドを使用します。上で説明した組み込み関数のsorted関数と使い方はほとんど同じですので、細かい説明は割愛します。

■ recipe_180_04.py（昇順にソートする）

```python
l = ['d', 'b', 'c', 'a']
l.sort()
print(l)
```

▼ 実行結果

```
['a', 'b', 'c', 'd']
```

■ recipe_180_05.py（ソート順序を逆順にする）

```python
l = ['d', 'b', 'c', 'a']
l.sort(reverse=True)
print(l)
```

▼ 実行結果

```
['d', 'c', 'b', 'a']
```

■ recipe_180_06.py（大文字、小文字を区別せずにソートする）

```python
l = ['bc', 'ac', 'bD', 'AB']
l.sort(key=str.lower)
print(l)
```

▼ 実行結果

```
['AB', 'ac', 'bc', 'bD']
```

いずれのコードでも、メソッドを実行したリストがソートされたことが確認できます。

181 リストのすべての要素に対して 特定の処理を行いたい

Syntax

関数	処理と戻り値
map(関数オブジェクト, list型変数)	リストの各要素に対して指定した関数の処理を実行したmapオブジェクト

■ map関数

map関数を使用すると、リスト等のシーケンスのすべての要素に対し、指定した関数の処理を実行したmapオブジェクトを得ることができます。第1引数に関数オブジェクト、第2引数にリストなどのシーケンスを指定します。

以下のコードでは、リストのすべての要素を2倍しています。

■ recipe_181_01.py

```python
# 数値を倍にする関数
def calc_double(n):
    return n * 2

l1 = [1, 3, 6, 50, 5]

# map関数を使用してl1の要素をすべて倍にしてmap1に格納
map1 = map(calc_double, l1)

# map型をリストに変換したものをl2に格納
l2 = list(map1)

print(l2)
```

▼ 実行結果

```
[2, 6, 12, 100, 10]
```

map関数を使用すると、新たにリストを作成し、ループで回してappendして……という手間が省けます。

map関数の戻り値はmapオブジェクトと呼ばれるもので、ループ処理はできるのですがインデックスを

指定して参照したり、append等のlistのメソッドは使用できません。また、print関数で出力しても、カンマ区切りの要素では表示されず、オブジェクトの型名が表示されるだけです。再度リスト型にしたい場合は、前記のサンプルのようにlist()で変換します。

　また、mapオブジェクトはイテレータであるため、一度for文やlist()で読み込むと内容が参照できなくなるという点に留意してください。先ほどのコード下部を以下のようにすると、l2は空となります。

■ recipe_181_02.py

```python
map1 = map(calc_double, l1)
for x in map1:
    print(x)

l2 = list(map1)
print(l2)
```

▼ 実行結果

```
2
6
12
100
10
[]
```

182 リストをCSV文字列に変換したい

Syntax

```
",".join(map(str, list型変数))
```

■ リストのCSV変換

　実業務において、データが格納されたリストをCSVやTSV^{シーエスブイ　ティーエスブイ}でダンプしたいという場合がよくあります。文字列だけの場合はjoinだけでできてしまうのですが、文字列以外が入る場合はjoin、map関数、str関数を組み合わせる必要があります。

文字列要素だけのリストをCSV文字列に変換する

　リストのjoinメソッドを使用すると、リストの要素をカンマやタブといった任意の区切り文字で連結することができます。以下のコードでは、リストをCSV文字列に変換してprint出力しています。

■ recipe_182_01.py

```python
l = ["りんご", "みかん", "バナナ"]
csv_str = ",".join(l)
print(csv_str)
```

▼ 実行結果

```
りんご,みかん,バナナ
```

文字列以外を含むリストをCSV文字列に変換する

　先ほどのサンプルで文字列以外、例えば数値などの場合、「TypeError: sequence item：expected str instance」が発生します。それぞれの要素に対し、str関数でいったんstrオブジェクトに変換すると、この問題を解決することができます。この要素ごとの変換にはmap関数を使用します。

■ recipe_182_02.py

```python
item_data = ['みかん', '果物', 200]
csv_str = ",".join(map(str, item_data))
print(csv_str)
```

▼ 実行結果

```
みかん,果物,200
```

183 リストをN個ずつの要素に分割したい

Chap 12

リスト・辞書の操作

> Syntax

```
[list型変数[idx:idx + n] for idx in range(0,len(list型変数), n)]
```
※nには分割数を指定します

― リストをN個ずつの要素に分割する

　方法はいくつかあるのですが、単純な方法としてN個の要素ずつスライスしてジェネレータで返す方法があります。以下のコードでは、要素数が10個のリストを3個の要素ずつ分割しています。

■ recipe_183_01.py

```
def split_list(l, n):
    for idx in range(0, len(l), n):
        yield l[idx:idx + n]

l = [1, 2, 3, 4, 5, 6, 7, 8, 9, 10]
result = list(split_list(l, 3))
print(result)
```

▼ 実行結果

```
[[1, 2, 3], [4, 5, 6], [7, 8, 9], [10]]
```

　上の関数の内部で、for文はリスト内包表記で書き換えることが可能です。以下のコードは、上のコードをリスト内包表記に書き直しています。実行すると同じ結果を得ることができます。

```
l = [1, 2, 3, 4, 5, 6, 7, 8, 9, 10]
n = 3
result = [l[idx:idx + n] for idx in range(0,len(l), n)]
```

184 リストをN分割したい

Syntax

```
[list型変数[idx:idx + size] for idx in range(0, len(list型変数), size)]
```
※sizeには分割後のサイズを指定します

■ リストのN分割

リストをN分割する場合、要素数÷Nを切り上げした数が分割後の要素サイズとなります。切り上げ処理にはmathモジュールのceil()を使用します。このサイズの間隔ごとにスライスすると、N分割したリストが得られます。以下のコードでは、リストを3分割しています。

■ recipe_184_01.py

```
import math
l1 = [1, 2, 3, 4, 5, 6, 7, 8, 9, 10]
n = 3
size = math.ceil(len(l1) / n)
l2 = [l1[idx:idx + size] for idx in range(0, len(l1), size)]
print(l2)
```

▼ 実行結果

```
[[1, 2, 3, 4], [5, 6, 7, 8], [9, 10]]
```

10個の要素のリストが3分割できていることが確認できます。

185 リストの要素を条件指定で抽出したい

Syntax

関数	処理と戻り値
filter(関数オブジェクト, list型変数)	リストから指定した関数で抽出要素を抽出をしたfilterオブジェクト

━ リストの要素の抽出

filter関数を使用すると、リストの中から指定条件に合致した要素だけ抽出することができます。第1引数に抽出条件となる関数を指定します。指定する関数は引数に対して何らかの判定を行う、つまり論理型を返すものを使用します。戻り値はfilter型というイテレータで、ループで処理したりリストに変換可能です。

以下のコードでは、整数のリストl1に対し、奇数のものだけを抽出したfilterを取得しリストに変換しています。

■ recipe_185_01.py

```python
def is_odd(n):
    """ 奇数判定関数 """
    return (n%2) == 1

l1 = [1, 2, 4, 5, 6, 10, 11]
ft = filter(is_odd, l1)
l2 = list(ft)
print(l2)
```

▼ 実行結果

```
[1, 5, 11]
```

186 リストを逆順にしたい

Syntax

● スライス構文を使用する

```
list型変数[::-1]
```

● reversed関数を使用する

関数	戻り値
reversed(list型変数)	引数で指定したリストを逆順にしたリストを返す

● reverseメソッドを使用する

メソッド	処理と戻り値
list型変数.reverse()	リスト自身を逆順にする。戻り値なし

▬ リストを逆順にする

リストを逆順する場合、以下の3通りの方法があります。

▸ **スライス構文**
▸ **組み込みのreversed関数を利用する方法** (元のリストは変更されず、逆順になったイテレータが得られる)
▸ **リスト自身が持つreverseメソッドを利用して自身をソートする方法**

スライス構文

リストの逆順を得る最も簡単な方法は、スライス構文を使用する方法です。スライス構文のstepにマイナスを指定すると、逆方向にステップを刻むことが可能です。元のリストには変更が発生しません。

■ recipe_186_01.py

```
l1 = [1, 2, 3, 4, 5]
l2 = l1[::-1]
print(l2)
```

▼ 実行結果

```
[5, 4, 3, 2, 1]
```

reversed関数

組み込みのreversed関数を使用すると、戻り値に逆順のイテレータが得られます。このイテレータは
list関数でリストに変換することができます。

■ recipe_186_02.py

```
l1 = [1, 2, 3, 4, 5]
l2 = list(reversed(l1))
print(l2)
```

▼ 実行結果

```
[5, 4, 3, 2, 1]
```

reverseメソッド

リストのreverseメソッドを使用すると、リストを逆順にすることができます。前述の通り元のリスト自体
が逆順になります。

■ recipe_186_03.py

```
l = [1, 2, 3, 4, 5]
l.reverse()
print(l)
```

▼ 実行結果

```
[5, 4, 3, 2, 1]
```

187 リストをランダムにシャッフルしたい

Syntax

- randomモジュールのインポート

```
import random
```

- シャッフルする関数

関数	処理と戻り値
random.sample(list型変数, len(list型変数))	引数で指定されたリストをシャッフルした新たなリストを返す
random.shuffle(list型変数)	引数で指定されたリストをシャッフルする。戻り値なし

リストのランダムシャッフル

　リストをランダムにシャッフルする場合、標準ライブラリのrandomモジュールを使用します。以下の2通りの方法があります。

▶ **sample関数を使用する**（ランダムにシャッフルされた新たなリストが得られる）
▶ **shuffle関数を使用する**（元のリストがランダムにシャッフルされる）

sampleによるシャッフル

　組み込みモジュールのrandomには、標本等のランダム抽選用の関数sampleが用意されているのですが、この抽出件数をリストと同じサイズにすることで、シャッフルした別のリストを得ることが可能です。

■ recipe_187_01.py

```
import random

l1 = [0, 1, 2, 3, 4]
l2 = random.sample(l1, len(l1))
print(l2)
```

▼ 実行結果

```
[3, 2, 0, 4, 1]
```

※実行するたびに結果が変わります

shuffleによるシャッフル

組み込みモジュールのrandomには、シーケンスをランダムにシャッフルする関数shuffleが用意されています。前述の通り、元のリストも変更されます。

■ recipe_187_02.py

```python
import random

l = [0, 1, 2, 3, 4]
random.shuffle(l)
print(l)
```

▼ 実行結果

```
[3, 2, 0, 4, 1]
```

※実行するたびに結果が変わります

188 リストから重複要素を除去したリストを作りたい

Syntax

```
list(dict.fromkeys(list型変数))
```

■ 重複を除去したリストの作成

dict.fromkeys()を使用すると、引数で指定したリストのうち、重複を省いた要素をキーとした辞書を得ることができます。

■ recipe_188_01.py

```
il1 = [1, 2, 1, 3, 5, 4, 4, 3]
print(dict.fromkeys(l1))
```

▼ 実行結果

```
{1: None, 2: None, 3: None, 5: None, 4: None}
```

list関数で辞書を指定するとキーのリストが得られるため、これらを合わせることにより重複要素を除去したリストを得ることができます。

■ recipe_188_02.py

```
l1 = [1, 2, 1, 3, 5, 4, 4, 3]
l2 = list(dict.fromkeys(l1))
print(l2)
```

▼ 実行結果

```
[1, 2, 3, 5, 4]
```

OrderedDictの利用 (Python3.7より前の場合)

　Pythonのバージョンが3.7より以前の場合、dict.fromkeysメソッドは順序を保ちません。組み込みモジュールのOrderedDictを使用してください。前記のコードの新たなリスト生成部分は以下のようになります。

```
from collections import OrderedDict
l2 = list(OrderedDict.fromkeys(l1))
```

　また、順序を保つ必要がない場合はset型に変換する方法もあります。上のコードの新たなリスト生成部分は以下のようになります。

```
l2 = list(set(l1))
```

189 キーと値のリストから 辞書を生成したい

Syntax

```
dict(zip(キーのリスト, 値のリスト))
```

zip関数

組み込みのzip関数を使用すると、複数のイテラブルな変数をまとめたイテレータを得ることができます。これを利用してキーと値のリストから辞書を生成することができます。

■ recipe_189_01.py

```
keys = ['Monday', 'Tuesday', 'Wednesday', 'Thursday', 'Friday',
'Saturday', 'Sunday']
values = ['月曜日', '火曜日', '水曜日', '木曜日', '金曜日', '土曜日',
'日曜日']

week_days = dict(zip(keys, values))
print(week_days)
```

▼ 実行結果

```
{'Monday': '月曜日', 'Tuesday': '火曜日', 'Wednesday': '水曜日',
'Thursday': '木曜日', 'Friday': '金曜日', 'Saturday': '土曜日',
'Sunday': '日曜日'}
```

英語の曜日をキーに、日本語の意味を値とした辞書が生成できたことが確認できます。

190 辞書のキーと値を 入れ替えたい

```
{value:key for key, value in dict型変数.items()}
```

辞書内包表記によるキーと値の入れ替え

辞書内包表記を活用すると、辞書のキーと値の入れ替えが簡単に書くことができます。

■ recipe_190_01.py

```
d = {'key1': 100, 'key2': 200, 'key3': 300}
swapped_dict = {value:key for key, value in d.items()}
print(swapped_dict)
```

▼ 実行結果

```
{100: 'key1', 200: 'key2', 300: 'key3'}
```

ただし、辞書の特性上キーはユニークかつhashableであることが求められるため、この構文を使用する場合は辞書の値もユニークかつhashableであることが前提として求められる、という点に注意してください。

191 2つの辞書をマージしたい

Syntax

- updateメソッドによるマージ

メソッド	処理と戻り値
dict型変数1.update(dict型変数2)	dict型変数1にdict型変数2の要素をマージする。戻り値なし

- dictによる新たなマージされた辞書の生成

関数	処理と戻り値
dict(dict型変数1, **dict型変数2)	dict型変数1にdict型変数2の要素をマージした新たな辞書を返す

■ 辞書のマージ

updateメソッド

dict型のupdateメソッドを使用すると、引数にマージしたい辞書を指定して辞書をマージすることができます。なお、キーに重複がある場合は引数で指定した辞書の値が優先されます。元の辞書自体が変更されるという点に注意してください。

■ recipe_191_01.py

```python
d1 = {"key1":100, "key2":200}
d2 = {"key2":220, "key3":300, "key4":400}

d1.update(d2)  # d1にd2をマージ
print(d1)
```

▼ 実行結果

```
{'key1': 100, 'key2': 220, 'key3': 300, 'key4': 400}
```

dict関数

前述の通り、updateメソッドはメソッドを実行した辞書に対して破壊的に作用します。もし新たに辞書を作成したい場合は、組み込み関数のdict()で新たに生成します。第1引数に辞書を、第2引数はキーワード引数で指定します。

■ recipe_191_02.py

```
d1 = {"key1":100, "key2":200}
d2 = {"key2":220, "key3":300, "key4":400}
d3 = dict(d1, **d2)
print(d3)
```

▼ 実行結果

```
{'key1': 100, 'key2': 220, 'key3': 300, 'key4': 400}
```

日付と時間

Chapter

13

192 日付や時間を扱いたい

● 日付や時間の型

型	役割
date	日付を扱う
datetime	日時を扱う
time	時間を扱う
timedelta	日付、時間の計算を扱う

■ datetimeモジュール

Pythonで日付や時間を扱う場合、datetimeモジュールを使用します。datetimeモジュールには日付、時間を扱う型が用意されています。これらの型で日付や時間の計算、フォーマット文字列の変換処理等を行うことができます。

193 日時（datetime）を扱いたい

Syntax

- datetime型の生成

構文	意味
datetime(year, month, day, hour=0, ⏎ minute=0, second=0, microsecond=0)	引数で指定した年月日時分秒、マイクロ秒のdatetime型を生成する

- datetime型の属性

属性	意味
year	年
month	月
day	日
hour	時
minute	分
second	秒
microsecond	マイクロ秒

datetime型の生成

　datetime型を生成する場合、引数に日付時間を指定します。年月日以外はキーワード引数で一部だけ指定することも可能です。生成したdatetime型は、属性を指定して日付や時間を参照することが可能です。以下のコードでは、2021年10月12日12時1分5秒のdatetime型を生成し、それぞれの値を取得しています。

■ recipe_193_01.py

```
from datetime import datetime
d = datetime(2021, 10, 12, 12, 1, 5)
print(d.year)
print(d.month)
print(d.day)
print(d.hour)
print(d.minute)
print(d.second)
```

▼ 実行結果

```
2021
10
12
12
1
5
```

194 文字列と日時 (datetime) を変換したい

Syntax

● 文字列からdatetimeへの変換

メソッド	戻り値
datetime.strptime("日付文字列", "フォーマット文字列")	文字列からdatetimeを生成して返す

● datetimeから文字列への変換

メソッド	戻り値
datetime型変数.strftime("フォーマット文字列")	datetimeから文字列へ変換して返す

● フォーマット文字列

文字列	意味
%Y	西暦4桁
%m	2桁でゼロ埋めした月
%d	2桁でゼロ埋めした日
%H	2桁でゼロ埋めした時 (24時間表記)
%M	2桁でゼロ埋めした分
%S	2桁でゼロ埋めした秒
%f	6桁でゼロ埋めしたマイクロ秒

■ 文字列とdatetime型の変換

　フォーマットされた文字列とdatetime型は相互に変換をすることができます。datetimeのstrptimeメソッドで、文字列からdatetimeへ変換することができます。逆にdatetime型から文字列への変換は、strftimeメソッドを使用します。引数にフォーマット文字列を指定します。

　次ページのコードでは、2021/10/12 12:05:00という文字列をdate型に変換し、2021-10-12 12:05:00という文字列にprint出力しています。

■ recipe_194_01.py

```python
from datetime import datetime

# 文字列からdatetime型を生成
dt = datetime.strptime("2021/10/12 12:05:00", "%Y/%m/%d %H:%M:%S")

# datetime型から文字列に変換
datetime_str = dt.strftime("%Y-%m-%d %H:%M:%S")
print(datetime_str)
```

▼ 実行結果

```
2021-10-12 12:05:00
```

195 現在の日時（datetime）を取得したい

メソッド	戻り値
datetime.now()	現在日時のdatetime型を生成して返す

■ 現在日時の取得

datetime.now()で現在時刻を取得することができます。以下のコードでは、現在時刻から%Y-%m-%d %H:%M:%S形式に変換してprint出力しています。

■ recipe_195_01.py

```python
from datetime import datetime

# 現在時刻を取得
dt = datetime.now()

# datetime型から文字列に変換
datetime_str = dt.strftime("%Y-%m-%d %H:%M:%S")
print(datetime_str)
```

▼ 実行結果

```
2021-07-30 23:15:20
```

※実行するたびに結果が変わります

196 日付 (date) を扱いたい

● date型の生成

構文	意味
date(year, month, day)	引数で指定した年月日のdate型を生成する

● date型の属性

属性	意味
year	年
month	月
day	日

━ 日付の生成

date型を生成する場合、date()の引数に年月日を指定します。生成したdate型は属性を指定して日付を参照することが可能です。以下のコードでは、2021年10月12日のdate型を生成しそれぞれの値を取得しています。

■ recipe_196_01.py

```python
from datetime import date
d = date(2021, 10, 12)
print(d.year)
print(d.month)
print(d.day)
```

▼ 実行結果

```
2021
10
12
```

197 文字列と日付（date）を変換したい

Syntax

● 文字列からdateへの変換

構文	意味
`datetime.strptime("日付文字列", "フォーマット文字列").date()`	文字列から datetime を 生 成 し、date型 に 変換する

● datetimeから文字列への変換

メソッド	戻り値
`date型変数.strftime("フォーマット文字列")`	date型変数から文字列へ変換して返す

■ 文字列とdate型の変換

　文字列からdateへ変換する場合、date型にはdatetimeのstrptimeメソッドに相当するものがないため、datetimeオブジェクトをいったん生成してからdateに変換します。一方、dateから文字列に変換する場合は、datetime型と同様strftimeメソッドを使用します。引数にフォーマット文字列を指定します。

　以下のサンプルでは、2021 / 10 / 12という文字列をdate型に変換し、2021-10-12という文字列に出力しています。

■ recipe_197_01.py

```python
from datetime import date, datetime

# 文字列からdatetime型さらにdate型に変換
d = datetime.strptime("2021/10/12", 
"%Y/%m/%d").date()

# date型から文字列に変換
date_str = d.strftime("%Y-%m-%d")
print(date_str)
```

▼ 実行結果

```
2021-10-12
```

343

198 現在の日付（date）を取得したい

メソッド	戻り値
date.today()	現在のdate型を生成して返す

■ 現在日付の生成

todayメソッドで現在のdate型を得ることができます。以下のコードでは現在のdate型を生成し、%Y-%m-%d形式でprint出力しています。

■ recipe_198_01.py

```python
from datetime import datetime, date
d = date.today()
d_str = d.strftime("%Y-%m-%d")
print(d_str)
```

▼ 実行結果

```
2021-07-30
```

※実行するたびに結果が変わります

199 日時の計算をしたい

Syntax

● timedelta型の生成

構文	意味
`timedelta(days=0, seconds=0, microseconds=0, milliseconds=0, minutes=0, hours=0, weeks=0)`	引数の指定した時間分datetime型、date型に対して演算を行えるtimedelta型を生成する

─ 日時の計算

timedelta()の引数に加減する日数を指定することで日付の計算を行うことができます。手順としては、timedelta型を生成し、計算したいdatetime型やdate型に対して演算を行います。

以下のコードではdatetime、date型に対しそれぞれの100日後の日付を計算し、print出力しています。

■ recipe_199_01.py

```python
from datetime import datetime, date, time, timedelta

# 2021/12/22のdate型を生成
d1 = date(2021, 12, 22)

# 2021/12/22 12:00:30のdatetime型を生成
dt1 = datetime(2021, 12, 22, 12, 00, 30)

# 100日分のtimedelta型を生成
delta = timedelta(days=100)

# 100日後の日付を計算
d2 = d1 + delta
dt2 = dt1 + delta

# 計算結果をprint出力
print(d2)
print(dt2)
```

▼ 実行結果

```
2022-04-01
2022-04-01 12:00:30
```

また、マイナスで演算するとさかのぼった日時を得ることができます。実際、前記のコードの日付計算部分を以下のようにすると、100日前の日付を得ることができます。

■ recipe_199_02.py

```
d2 = d1 - delta
dt2 = dt1 - delta
```

▼ 実行結果

```
2021-09-13
2021-09-13 12:00:30
```

200 時間（time）を扱いたい

● time型の生成

構文	意味
datetime.time(hour=0, minute=0, second=0, microsecond=0)	引数で指定した時分秒マイクロ秒のtime型を生成する

● time型の属性

属性	意味
hour	時
minute	分
second	秒
microsecond	マイクロ秒

━ 時間の生成

time型を生成する場合、引数に時分秒を指定します。また、生成したtime型の時分秒にアクセスすることも可能です。以下のコードでは12:15:05のtime型を生成し、時分秒を取得しています。

■ recipe_200_01.py

```python
from datetime import time
t = time(12, 15, 5)
print(t.hour)
print(t.minute)
print(t.second)
```

▼ 実行結果

```
12
15
5
```

Chap 13 日付と時間

347

201 文字列と時間（time）を変換したい

● 文字列からtimeへの変換

構文	意味
datetime.strptime("日付文字列", "フォーマット文字列").time()	文字列からdatetimeを生成し、time型に変換する

● time型変数から文字列への変換

メソッド	戻り値
time型変数.strftime("フォーマット文字列")	time型変数から文字列へ変換して返す

■ 文字列と時間の変換

　文字列からtimeへの変換は、datetimeのstrptimeメソッドに相当するものがないため、datetimeオブジェクトをいったん生成してからtimeに変換します。一方、timeから文字列への変換はstrftimeメソッドを使用します。引数にフォーマット文字列を指定します。

　以下のコードでは、12:15:05という文字列をtime型に変換し、12.15.05という文字列に変換してprint出力しています。

■ recipe_201_01.py

```python
from datetime import time, datetime
t = datetime.strptime("12:15:05", "%H:%M:%S").time()
time_str = t.strftime("%H.%M.%S")
print(time_str)
```

▼ 実行結果

```
12.15.05
```

202 月末の判定をしたい

Syntax

メソッド	戻り値
calendar.monthrange(year,month)	月初曜日と月末日のタプルを返す

月末の取得と判定

業務処理で頭を悩ませがちなのが、日付の処理の月末判定です。月初と異なり月末は月やうるう年などにより日が異なるのですが、標準ライブラリのcalendarモジュールを使用すると、指定した月の月初曜日と月末日をタプルで得ることが可能です。以下のコードは2020年2月の月末を取得しています。

■ recipe_202_01.py

```
import calendar

start_wd, end_day = calendar.monthrange(2020, 2)
print(start_wd, end_day)
```

▼ 実行結果

```
5 29
```

Chap 13
日付と時間

.... Column

calendarを使用しない方法

calendarを使用しない方法として、「翌日が1日ならば月末」というイディオムがあります。知識として知っておくと役に立つかもしれません。

```
from datetime import date, timedelta
d = date(2020, 2, 29)
delta = timedelta(days=1)
if (d + delta).day  == 1:
    print("月末です")
```

203 うるう年を判定したい

```
Syntax
```

関数	戻り値
`calendar.isleap(year)`	指定したyearがうるう年ならばTrue、それ以外はFalse

■ うるう年の判定

calendarモジュールのisleapを使用すると、うるう年の判定をすることができます。以下のコードでは現在がうるう年かどうかを判定しています。

■ recipe_203_01.py

```python
import calendar
from datetime import datetime
now_dt = datetime.now()
result = calendar.isleap(now_dt.year)
print(result)
```

実行するときによって結果が変わりますが、うるう年に実行するとTrueが、そうでないときはFalseが出力されます。

さまざまなデータ形式

Chapter

14

204 CSVファイルを読み込みたい

Syntax

● csvモジュールのインポート

```
import csv
```

● CSVファイルのパース

関数	処理と戻り値
csv.reader(f)	指定したCSVファイルをパースし、列要素が格納されたリストの行ごとのイテレータを返す

※fはファイルオブジェクトを指します

▬ csvモジュール

Pythonには、標準ライブラリでCSVファイルを読み込みパースするcsvモジュールがあります。csv. readerの引数にファイルオブジェクトを指定すると、readerという列要素が格納されたリストの行ごとのイテレータを得ることができます。CSVファイルを扱う際、処理系によっては不要な改行コードが付加される場合があるため、open時にnewline=''を指定するようにしてください。

以下のサンプルは、sample.csvというCSVファイルを読み込み、1行ずつリストを出力しています。

■ recipe_204_01.py

```python
import csv
with open('sample.csv', newline='') as f:
    reader = csv.reader(f)
    for row in reader:
        print(row)
```

● sample.csv

```
col1, col2, col3
100, hoge100, fuga100
200, hoge200, fuga200
300, hoge300, fuga300
```

▼ 実行結果

```
['col1', 'col2', 'col3']
['100', 'hoge100', 'fuga100']
['200', 'hoge200', 'fuga200']
['300', 'hoge300', 'fuga300']
```

ヘッダの読み飛ばし

1行目を読み飛ばしたい場合は、for文の処理前に1行目をあらかじめ取り出しておく方法があります。

```python
import csv
with open('sample.csv', newline='') as f:
    reader = csv.reader(f)
    header = next(reader)
    for row in reader:
        print(row)
```

pandas

CSVモジュールは外部ライブラリのインストールが不要で、簡単にCSVファイルを扱うことが可能ですが、その分機能が限定的です。列単位で扱いたい、セパレータを指定したい、などという場合はpandasを利用することをおすすめします。詳しくは「274　pandasでCSVファイルに対して入出力したい」を参照してください。

205 CSVファイルに書き込みたい

- csvモジュールのインポート

```
import csv
```

- CSVファイルへの書き出し

関数	戻り値
csv.writer(f, lineterminator='改行コード')	リストの内容をCSV形式で 書き込むことができる writerオブジェクト

※fはファイルオブジェクトを指します

━ CSVの書き込み

csvモジュールは、リストをCSV形式で1行ずつファイルに書き込むことが可能です。csv.writerの引数にファイルオブジェクトと改行コードを指定すると、リストの内容をCSV形式で書き込むことができるwriterというオブジェクトを得ることができます。また、読み込みのときと同様の理由でCSVファイルを扱う際は、open時にnewline=''を指定するようにしてください。以下のサンプルでは、二重リストをfor文でCSV出力しています。

■ recipe_205_01.py

```
import csv
sample_list = [["col1", "col2", "col3"], [101, 102, 103], [201,
202, 203], [301, 302, 303]]
with open('sample2.csv', 'w', newline='') as f:
    writer = csv.writer(f, lineterminator='\n')
    for row in sample_list:
        writer.writerow(row)
```

実行すると、リストの内容のCSVファイルがsample2.csvという名前で出力されます。

▼ 実行結果

```
col1,col2,col3
101,102,103
201,202,203
301,302,303
```

206 JSON文字列をパースしたい

Syntax

- jsonモジュールのインポート

```
import json
```

- JSON文字列から辞書への変換

関数	戻り値
json.loads(JSON文字列)	JSON文字列をパースした結果を格納した辞書

■ JSON文字列を辞書に変換

近年、データ通信で多く見られるようになったJSONですが、Pythonには標準のjsonモジュールでJSONを辞書に変換し、扱うことが可能です。loads()の引数にJSON文字列を指定します。以下のコードでは、JSON文字列を辞書に変換し、キーを指定して値を取り出しています。

■ recipe_206_01.py

```python
import json

json_text = """
{
  "colors": [ "red", "green", "blue" ],
  "items": [ 123, 456, 789 ],
  "users": [
    { "name": "鈴木", "id": 1 },
    { "name": "佐藤", "id": 5 }
  ]
}
"""
data_dict = json.loads(json_text)
# 結果辞書全体を表示
print(data_dict)

# colorsキーを指定して0番目を取得
print(data_dict["colors"][0])
```

```
# usersキーを指定、0番目のidを取得
print(data_dict["users"][0]["id"])
```

▼ 実行結果

```
{'colors': ['red', 'green', 'blue'], 'items': [123, 456, 789],
'users': [{'name': '鈴木', 'id': 1}, {'name': '佐藤', 'id': 5}]}
red
1
```

207 辞書をJSON文字列に変換したい

Syntax

- jsonモジュールのインポート

```
import json
```

- JSON文字列から辞書への変換

関数

```
json.dumps(dict型変数, indent=インデント数, ensure_ascii=False)
```

戻り値

指定した辞書をJSON文字列に変換する

━ 辞書からJSON文字列への変換

標準ライブラリのjsonはJSON文字列をパースするだけではなく、逆にJSONに対応する変数型を格納した辞書であれば、JSON文字列に変換することも可能です。dumps()の引数に辞書を指定します。indentを指定すると、視認性を上げるためのインデント数を指定することが可能です。また、デフォルトでは日本語などの文字列がユニコードエスケープされますが、ensure_ascii=Falseを指定するとそのままの形式で出力されます。

以下のコードでは、dict型の変数をインデント2つ、ユニコードエスケープなしでJSON文字列に変換し、print出力しています。

■ recipe_207_01.py

```
import json

data_dict = {'colors': ['red', 'green', 'blue'],
             'items': [123, 456, 789],
             'users': [{'name': '鈴木', 'id': 1},
                       {'name': '佐藤', 'id': 5}]}
json_str = json.dumps(data_dict, indent=2, ensure_ascii=False)
print(json_str)
```

```
{
  "colors": [
    "red",
    "green",
    "blue"
  ],
  "items": [
    123,
    456,
    789
  ],
  "users": [
    {
      "name": "鈴木",
      "id": 1
    },
    {
      "name": "佐藤",
      "id": 5
    }
  ]
}
```

Chap 14 さまざまなデータ形式

208

Base64にエンコードしたい

● base64のインポート

```
import base64
```

● バイナリからbase64への変換

関数	戻り値
base64.b64encode(bytes型)	指定したbytes型をbase64にエンコードしたbytes型

◾ Base64とは

　Base64とはバイナリデータをテキストに変換する仕様の1つで、画像などをテキスト化する際に使われます。画像や鍵、暗号化データ、電子署名はバイナリなのですが、Base64を使用するとただのASCII文字列になるため、メールやHTMLのtextフォームから送信することが可能となります（より具体的にはA-Z、a-z、0-9までの62文字と、記号2つ（+、/）の64種類の文字を使用します。さらに一定の文字数にそろえるため"="がパディングに用いられます）。また、最近ではブラウザの通信回数を減らすために画像にBase64を使用するサービスも増えています。

◾ バイナリデータをBase64でエンコードする

　Pythonでは、標準ライブラリにbase64モジュールというものがあります。以下のコードは、画像ファイルのバイナリデータをBase64に変換しています。b64encode()の戻り値はbytes型で、前述の通りASCIIエンコーディングにもなっているため文字列にデコードすることができます。

■ recipe_208_01.py

```
import base64

with open("python-powered-h-50x65.png", 'br') as f:
    bin_img = f.read()
    b64_img = base64.b64encode(bin_img).decode()
    print(b64_img)
```

▼ 実行結果

```
iVBORw0KGgoAAAANSUhEUg...
```

● 使用画像

● URL

https://www.python.org/static/community_logos/python-powered-h-50x65.png

Base64をデコードしたい

● Base64文字列からバイナリへの変換

関数	戻り値
`base64.b64decode(base64データ)`	Base64エンコードされたbytes型をデコードしたbytes型で返す

━ Base64からデコードする

base64.b64decodeを使用すると、Base64からデコードすることができます。引数にbaes64文字列をbytes型にエンコードしたもの指定します。以下のコードでは、前項で変換したBase64文字列を再度画像ファイルに変換して保存しています。

■ recipe_209_01.py

```python
import base64
base64_txt = """iVBORw0KGgoAAAANSUhEUgAAADIAAABBCAYAAAC...
途中省略
"""

img = base64.b64decode(base64_txt.encode())
with open("python-logo2.png", 'bw') as f:
    f.write(img)
```

文字列から変換された画像ファイルが、python-logo2.pngという名前で保存されます。

210 UUIDを生成したい

Syntax

- uuidのインポート

```
import uuid
```

- バージョンごとのuuidの生成関数

関数	戻り値
uuid.uuid1()	uuidバージョン1を生成し 文字列で返す
uuid.uuid4()	uuidバージョン4を生成し 文字列で返す
uuid.uuid3(名前空間の種類, "ドメイン名など")	uuidバージョン3を生成し 文字列で返す
uuid.uuid5(名前空間の種類, "ドメイン名など")	uuidバージョン5を生成し 文字列で返す

- 名前空間の種類

定数	意味
uuid.NAMESPACE_DNS	FQDN
uuid.NAMESPACE_URL	URL
uuid.NAMESPACE_OID	ISO OID
uuid.NAMESPACE_X500	X.500 DNのDERまたはテキスト出力形式

■ UUIDの生成

　分散システム上のキー等で最近何かと使うことが多くなったUUID（ユーユーアイディー）ですが、Pythonには標準ライブラリでuuidモジュールが提供されています。UUIDのバージョンごとに、uuidX（Xはバージョン番号）という関数があり、これらを使用して生成することができます。

UUIDバージョン1、バージョン4

　UUIDバージョン1、バージョン4の場合、uuid1、uuid4を使用します。

■ recipe_210_01.py

```python
import uuid
u1 = uuid.uuid1()
print(u1)
u4 = uuid.uuid4()
print(u4)
```

▼ 実行結果

```
0e8e5096-9721-11ea-bea2-7085c27a9d40
836ed5b7-5974-421d-bc2b-266c2016edd2
```

※実行するたびに結果が変わります

UUIDバージョン3、バージョン5

UUIDバージョン3、バージョン5の場合、第1引数に名前空間の種類、ドメイン名などのユニーク文字列は第2引数に指定します。

■ recipe_210_02.py

```python
import uuid
u3 = uuid.uuid3(uuid.NAMESPACE_DNS, "example.com")
print(str(u3))
u5 = uuid.uuid5(uuid.NAMESPACE_DNS, "example.com")
print(str(u5))
```

▼ 実行結果

```
9073926b-929f-31c2-abc9-fad77ae3e8eb
cfbff0d1-9375-5685-968c-48ce8b15ae17
```

211 URLエンコードしたい

- parseのインポート

```
from urllib import parse
```

- URLエンコード

関数	戻り値
parse.quote(str型変数)	指定した文字列をURLエンコードした文字列を返す

━ URLエンコード

日本語等のマルチバイト文字列はURLに使用できませんが、URLエンコードすることで、パスやパラメータとして使用することができるようになります。パーセントエンコーディングと呼ばれることもあります。Pythonには、標準ライブラリのurllibモジュールのparseを使用します。以下のコードでは、日本語文字列をURLに使用できる文字列にエンコードしています。

■ recipe_211_01.py

```
from urllib import parse
text = "みかん"
url_encoded = parse.quote(text)
print(url_encoded)
```

▼ 実行結果

```
%E3%81%BF%E3%81%8B%E3%82%93
```

212 URLエンコードをデコードしたい

Syntax

● URLエンコード

関数	戻り値
parse.unquote(URLエンコード文字列)	URLエンコード文字列をデコードして返す

▬ URLエンコードのデコード

URLエンコード文字列をデコードする場合は、urllib.parseのunquote()を使用します。以下のコードでは、URLエンコードされた文字列をデコードしています。

■ recipe_212_01.py

```
from urllib import parse
text = parse.unquote("%E3%81%BF%E3%81%8B%E3%82%93")
print(text)
```

▼ 実行結果

```
みかん
```

213 URLをパースしたい

Syntax

● parseのインポート

```
from urllib import parse
```

● URLパース

関数	戻り値
parse.urlparse(URL文字列)	URLをパースし、ParseResultオブジェクトを返す

● ParseResultオブジェクトの属性

属性	概要
scheme	URLスキーム
netloc	ネットワーク上の位置
path	階層パス
query	クエリ要素

━ URLのパース

urllib.parseモジュールのurlparseでURLをパースすることが可能です。戻り値として
ParseResultという型のオブジェクトを得ることができ、属性に対してドットでアクセス可能です。以下の
コードは、Python公式サイトで「変数」で検索した際のURLをパースしたものです。

■ recipe_213_01.py

```
from urllib import parse
url = "https://docs.python.org/ja/3/search.
html?q=%E5%A4%89%E6%95%B0&check_keywords=yes&area=default"
p = parse.urlparse(url)
print(p)
print(p.scheme)
print(p.netloc)
print(p.path)
print(p.query)
```

367

▼ 実行結果

```
ParseResult(scheme='https', netloc='docs.python.org', path='/ja/3/
search.html', params='', query='q=%E5%A4%89%E6%95%B0&check_
keywords=yes&area=default', fragment='')

https
docs.python.org
/ja/3/search.html
q=%E5%A4%89%E6%95%B0&check_keywords=yes&area=default
```

214 URLのクエリパラメータを パースしたい

- URLのクエリパラメータのパース

関数	戻り値
parse.parse_qs(URLクエリパラメータ文字列)	URLクエリパラメータの パース結果辞書を返す

━ URLクエリパラメータのパース

urllib.parseモジュールのparse_qsで、urlのクエリパラメータをパースすることが可能です。パラメータ名をキー、値のリストを値とした辞書が返されます。以下のコードは、Python公式サイトで「変数」で検索した際のURLのクエリパラメータをパースしたものです。

■ recipe_214_01.py

```python
from urllib import parse
url = "q=%E5%A4%89%E6%95%B0&check_keywords=yes&area=default"
q = parse.parse_qs(url)
print(q)
```

▼ 実行結果

```
{'q': ['変数'], 'check_keywords': ['yes'], 'area': ['default']}
```

サンプルの通り、URLエンコードされた文字列は自動でデコードされます。

215 ユニコードエスケープに エンコードしたい

関数	戻り値
ascii(str型変数)	ユニコードエスケープされた文字列

■ ユニコードエスケープ

日本語などをASCII文字列にユニコードエスケープする場合、組み込み関数のasciiを使用します。以下のコードは、文字列をユニコードエスケープし、print出力しています。

■ recipe_215_01.py

```python
u_text = ascii("みかん")
print(u_text)
```

▼ 実行結果

```
'¥u307f¥u304b¥u3093'
```

216 ユニコードエスケープを デコードしたい

Syntax

● codecsのインポート

```
import codecs
```

● デコード

関数	戻り値
codecs.decode(ユニコードエスケープ文字列.encode())	引数で指定したユニコードエスケープ文字列をデコードした文字列を返す

ユニコードエスケープのデコード

ユニコードエスケープをデコードする場合、標準ライブラリのcodecsモジュールのdecode関数を使用します。ユニコードエスケープされた文字列を、encodeメソッドでバイト変換して引数に指定します。

■ recipe_216_01.py

```
import codecs

u_text = "\u307f\u304b\u3093"
text = codecs.decode(u_text.encode())
print(text)
```

▼ 実行結果

```
みかん
```

217 ハッシュ値を生成したい

Syntax

- hashlibのインポート

```
import hashlib
```

- ハッシュ値を生成

関数	戻り値
hashlib.sha1(バイト文字列)	sha1ハッシュオブジェクト
hashlib.sha256(バイト文字列)	sha256ハッシュオブジェクト
hashlib.md5(バイト文字列)	md5ハッシュオブジェクト

- ハッシュオブジェクトのメソッド

メソッド	戻り値
digest	ダイジェスト値のバイナリ文字列
hexdigest	ダイジェスト値の16進形式文字列

■ ハッシュ値の生成

標準ライブラリのhashlibを使用すると、さまざまな種類のハッシュ値を生成をすることができます。ハッシュの種類の関数の引数にバイト文字列を指定すると、ハッシュオブジェクトと呼ばれるハッシュ値を格納したオブジェクトが得られます。

sha256の生成

以下のコードでは、文字列abcdefgに対してsha256を生成し、16進形式でprint出力しています。

■ recipe_217_01.py

```
import hashlib

key = "abcdefg"
sha256 = hashlib.sha256(key.encode())
.hexdigest()
print(sha256)
```

▼ 実行結果

```
7d1a54127b222502f5b79b⏎
5fb0803061152a44f92b37⏎
e23c6527baf665d4da9a
```

218 ZIPファイルを展開したい

Syntax

- zipfileのインポート

```
import zipfile
```

- zipファイルの展開

```
with zipfile.ZipFile(zipファイルのパス, 'r') as zf:
    zf.extractall(展開先のパス)
```

■ zipfileモジュール

標準ライブラリのzipfileモジュールを使用すると、ZIPファイルを扱うことができます。展開する場合、zipfile.ZipFileでファイルを開き、extractallメソッドですべて展開します。以下のコードでは、カレントディレクトリ直下に配置されたsample.zipというファイルを.¥output¥配下に展開しています。

■ recipe_218_01.py

```
import zipfile
with zipfile.ZipFile('sample.zip', 'r') as zf:
    zf.extractall(r'.¥output')
```

また、中身がわかっている場合は、extractメソッドを使用して特定のファイルのみ展開することも可能です。第1引数に展開するファイル、第2引数に展開先を指定します。

■ recipe_218_02.py

```
import zipfile
with zipfile.ZipFile('sample.zip', 'r') as zf:
    zf.extract('tmp.txt', r'.¥output')
```

■ 展開しないで中身を確認する

オープンモードに'r'を指定して開き、namelistメソッドを使用するとファイルリストを参照することができます。

■ recipe_218_03.py

```python
import zipfile
with zipfile.ZipFile('sample.zip', 'r') as zf:
    print(zf.namelist())
```

■ パスワード付きZIPファイルを展開する

extractall、extractで、引数pwdでパスワードを指定すると、パスワード付きzipfileを解凍すること が可能です。パスワードは以下サンプルのようにバイト文字列で指定します。

■ recipe_218_04.py

```python
import zipfile
with zipfile.ZipFile('sample.zip', 'r') as zf:
    zf.extractall(r'.¥output', pwd=b'パスワード')
```

暗号化zipfileの解凍は、CライブラリではなくPythonで記述されているため処理速度が遅いです。大 量に処理する場合はパフォーマンスに注意してください。

219 ZIP形式でファイルを圧縮したい

Syntax

```
with zipfile.ZipFile('sample.zip', 'w') as zf:
    zf.write(追加するファイルパス)
```

■ ZIP形式での圧縮

展開のときと同様、zipfileモジュールを使用します。

個別ファイルを圧縮する

個別のファイルを圧縮する場合、zipfile.ZipFileで圧縮ファイル名を指定し、zf.writeで圧縮するファイルを逐次指定します。以下のサンプルコードでは、カレントディレクトリ直下に配置されたtmp1.txt、tmp2.txt、tmp3.txtの3つのテキストファイルを、sample.zipというファイルに圧縮しています。

■ recipe_219_01.py

```python
import zipfile
with zipfile.ZipFile('sample.zip', 'w') as zf:
    zf.write('tmp1.txt')
    zf.write('tmp2.txt')
    zf.write('tmp3.txt')
```

■ 既存のZIPファイルにファイルを追加する

また、zipfile.ZipFileを追記モードで開くと、圧縮したzipに対してファイルを追加することが可能です。上のプログラムで圧縮したファイルに対して、以下のサンプルコードでtmp4.txtというファイルを追加しています。

■ recipe_219_02.py

```python
import zipfile
with zipfile.ZipFile('sample.zip', 'a')as zf:
    zf.write('tmp4.txt')
```

220 tarファイルを展開したい

● tarfileモジュールのインポート

```
import tarfile
```

● tarファイルの展開

```
with tarfile.open(name=ファイルパス, mode='モード') as tar:
    tar.extractall("展開先")
```

● モード

文字列	意味
r	読み込み
r:gz	gzip形式読み込み
r:bz2	bzip形式読み込み
r:xz	lzma形式読み込み

■ tarfileモジュール

tarファイルを展開する場合は、標準ライブラリのtarfileを使用します。通常Unix系システムのtarコマンドはアーカイブ機能を提供するものですが、tarfileモジュールは圧縮にも対応しています。モードを指定してファイルをオープンした後、処理に応じたメソッドを呼び出します。

■ tarファイルの展開

tarfile.openでファイルをオープンし、extractallメソッドを実行するとtarファイルを展開できます。tar.gz、tar.bz2およびtar.xz形式にも対応しています。以下のコードでは、カレントディレクトリ直下に配置されたsample.tar.gzファイルを展開しています。

■ recipe_220_01.py

```
import tarfile
with tarfile.open('sample.tar.gz', 'r') as tar:
    tar.extractall(r'.¥output')
```

221 tar形式でアーカイブしたい

Syntax

```
with tarfile.open(name=ファイルパス, mode='モード') as tar:
    tar.add("ファイル or ディレクトリパス")
```

● モード

文字列	意味
w	書き込み（アーカイブのみ）
w:gz	gzip形式書き込み
w:bz2	bzip形式書き込み
w:xz	lzma形式書き込み

▬ addメソッドによるtarへのファイル、ディレクトリ追加

tar形式でアーカイブする場合は、tarfile.openで新規ファイルを書き込みモードを指定してオープンし、addメソッドでアーカイブにファイルを追加しtarファイルを作成します。tarfile.openの際に圧縮形式を指定することができます。また、zipfileモジュールと異なりディレクトリを指定することができます。

以下のコードでは、カレントディレクトリ直下に配置されたtmp1.txt、tmp2.txtという2つのテキストファイルをtar.gz形式で圧縮しています。

■ recipe_221_01.py

```
import tarfile
with tarfile.open("sample.tar.gz", "w:gz") as tar:
    tar.add("tmp1.txt")
    tar.add("tmp2.txt")
```

222 ZIP形式やtar形式でディレクトリごと圧縮したい

Syntax

- shutilのインポート

```
import shutil
```

- 圧縮処理（指定したディレクトリごと圧縮する）

```
shutil.make_archive(圧縮後ファイル名, 圧縮形式, root_dir=対象ディレクトリ)
```

- 圧縮形式

文字列	圧縮・アーカイブ形式
zip	ZIP
tar	tar
gztar	gzipで圧縮されたtar(tar.gz)
bztar	bzip2で圧縮されたtar(tar.bz2)
xztar	xzで圧縮されたtar(tar.xz)

■ ディレクトリごと圧縮する

標準ライブラリのosモジュールを使用すると、ディレクトリ配下のパスツリーを構築することができますので、ファイルごとのzip圧縮のコードに流し込めばディレクトリごと圧縮することが可能なのですが、標準ライブラリのshutil（ファイル操作の機能を提供するモジュール）が同様の処理をmake_archive関数として提供しているため、こちらを使用するほうが簡単です。

パラメータとして以下を指定することができます。第1引数に作成するファイル名を指定しますが、拡張子は省略します。第2引数にはアーカイブフォーマットとして'zip'を指定しますが、zip以外に'tar'を指定することが可能です。また、任意でキーワード引数root_dir、base_dirの指定が可能です。root_dirはアーカイブのルートディレクトリ指定しますが、省略した場合はカレントディレクトリが指定されます。

以下のサンプルでは、カレントディレクトリ直下に配置されたdata_dirというディレクトリをZIP形式で圧縮しています。

■ recipe_222_01.py

```
import shutil
shutil.make_archive('dir_sample', 'zip', root_dir='data_dir')
```

リレーショナル
データベース

Chapter

15

223 SQLite 3に接続したい

● sqlite3モジュールのインポート

```
import sqlite3
```

● sqlite3への接続

```
with sqlite3.connect('dbファイルパス') as conn:
    # SQL実行処理等
```

■ sqlite3モジュール

SQLite 3は、MySQLやPostgreSQL等のリレーショナルデータベース（以降、単にデータベースと書く場合があります）と比較すると機能は限定的ですが、手軽に利用できる点とスピードが特徴的で、大量データに対する分析で利用されることもあります。Pythonには、SQLite 3の利用のため標準ライブラリのsqlite3モジュールが提供されています。

コネクションとクローズ

sqlite3.connect()で、指定したSQLite 3のdbファイルに対するコネクションを生成することができます。通常、コンテキストマネージャを使用しコネクションオブジェクトを得ます。

例えば、sqlite3モジュールをインポートし、sample.dbファイルに対しコネクションを作成する場合、以下のように記述します。なお、ファイルが存在しない場合は自動で作成してくれます。具体的なSQL実行方法については次項で解説します。

```
import sqlite3
with sqlite3.connect('sample.db') as conn:
    # SQL実行処理等
```

コンテキストを使用せずに任意のタイミングでクローズしたい場合は、次ページのように記述します。

```
import sqlite3

# 接続
conn = sqlite3.connect('dbファイルパス')

# クローズ
conn.close()
```

オンメモリでの使用

dbファイルパスに特殊な名前「:memory:」を使用すると、ディスクアクセスなくオンメモリで動作させることが可能です。

```
with sqlite3.connect(':memory:') as conn:
```

224 SQLite 3でSQL文を実行したい

Syntax

メソッド	処理
conn.cursor()	カーソルオブジェクトを返す
cur.execute("SQL文")	指定したSQLを実行する
conn.commit()	コミット発行する

※connはコネクションオブジェクトを、curはカーソルオブジェクトを指します

■ SQLを実行する

コネクションからカーソルを取得し、excecuteメソッドでSQLを実行します。CREATE文のような
DDLも実行することが可能です。SELECT文の結果取得については次項にて解説します。また、コミッ
トする場合はcommitメソッドで実行できます。

■ テーブル作成とデータ挿入例

以下のコードでは、カレントディレクトリにexample.dbというブログの記事を格納するデータベースを
作成し、以下の操作を行っています。

▶ **CREATE文を実行し、articlesテーブルを作成**
▶ **INSERT文を実行し、articlesテーブルにレコードを3件挿入**

なお3件目のINSERT文ですが、SQLのパラメータに?を使用し、executeの第2引数で値をタプル
で指定しています。

■ recipe_224_01.py

```python
import sqlite3

# example.dbに接続 (なければ作成される)
with sqlite3.connect('example.db') as conn:

    # カーソルを取得
    cur = conn.cursor()
```

```
# テーブルを作成
cur.execute('CREATE TABLE articles  (id int, title
varchar(1024), body text, created datetime)')

# Insert実行
cur.execute("INSERT INTO articles VALUES (1,'今朝のおかず','魚を食
べました','2020-02-01 00:00:00')")
cur.execute("INSERT INTO articles VALUES (2,'今日のお昼ごはん','カ
レーを食べました','2020-02-02 00:00:00')")
cur.execute("INSERT INTO articles VALUES (?, ?, ?, ?)", (3,'今
夜の夕食','夕食はハンバーグでした','2020-02-03 00:00:00'))
# コミット
conn.commit()
```

225 SQLite 3でSELECT結果を取得したい

メソッド	戻り値
`cur.fetchall()`	すべての結果タプルのリスト
`cur.fetchone()`	最初の1件の結果タプル

※curはカーソルオブジェクトを指します

■ SELECT結果のタプル形式での取得方法

カーソルを取得後は、executeメソッドでSELECT文を実行することができます。実行結果をカーソルから取得する方法は、大きく分けると3つあります。

▶ **カーソルをイテレータ (iterator) として扱う**
▶ **fetchallで結果リストを取得する**
▶ **fetchoneで1件ずつ取得する**

上記はいずれも結果レコードはタプル形式となります。以下のコードでは、前の項で3件のデータを挿入したexample.dbのarticleテーブルに対しSELECT文を実行し、結果をprint出力しています。

■ recipe_225_01.py

```python
import sqlite3

# データベースに接続
with sqlite3.connect('example.db') as conn:

    # カーソルを取得
    cur = conn.cursor()

    # 1. カーソルをイテレータ (iterator) として扱う
    print("-------------------- 1 --------------------")
    cur.execute('select * from articles')
    for row in cur:
        # rowオブジェクトでデータが取得できる。タプル型の結果が取得
        print(row)
        # タプル型なので特定のカラムを取得する場合はインデックスを指定する
```

```
        print(row[0])

    # 2. fetchallで結果リストを取得する
    print("-------------------- 2 --------------------")
    cur.execute('select * from articles')
    for row in cur.fetchall():
        print(row)

    # 3. fetchoneで1件ずつ取得する
    print("-------------------- 3 --------------------")
    cur.execute('select * from articles')
    print(cur.fetchone())  # 1レコード目が取得
    print(cur.fetchone())  # 2レコード目が取得
```

▼ 実行結果

```
(1, '今朝のおかず', '魚を食べました', '2020-02-01 00:00:00')
1
(2, '今日のお昼ごはん', 'カレーを食べました', '2020-02-02 00:00:00')
2
(3, '今夜の夕食', '夕食はハンバーグでした', '2020-02-03 00:00:00')
3
-------------------- 2 --------------------
(1, '今朝のおかず', '魚を食べました', '2020-02-01 00:00:00')
(2, '今日のお昼ごはん', 'カレーを食べました', '2020-02-02 00:00:00')
(3, '今夜の夕食', '夕食はハンバーグでした', '2020-02-03 00:00:00')
-------------------- 3 --------------------
(1, '今朝のおかず', '魚を食べました', '2020-02-01 00:00:00')
(2, '今日のお昼ごはん', 'カレーを食べました', '2020-02-02 00:00:00')
```

226 SQLite 3でSELECT結果を カラムを指定して取得したい

Syntax

構文	意味
`conn.row_factory = sqlite3.Row`	SELECT結果をsqlite3.Rowオブジェクト 形式で格納するよう設定する

※connはコネクションオブジェクトを指します

━ sqlite3.Row形式でのアクセス

　前ページのコードの通り、デフォルトではSELECT結果をタプル形式で操作することになります。この場合カラム追加などの変更に弱いため、sqlite3.Rowオブジェクト形式を使用することをおすすめします。コネクションのrow_factoryを書き換えると、sqlite3.Rowオブジェクト形式が有効になります。辞書と同様、カラム名をキーとして取得することができます。

　以下のコードは前項のコードの一部を改変しています。SELECT結果をsqlite3.Row形式にし、idカラムのみをprint出力するようにしています。

■ recipe_226_01.py

```python
import sqlite3

with sqlite3.connect('example.db') as conn:
    conn.row_factory = sqlite3.Row
    # カーソルを取得
    cur = conn.cursor()

    # 1. カーソルをイテレータ (iterator) として扱う
    print("-------------------- 1 --------------------")
    cur.execute('select * from articles')
    for row in cur:
        # rowオブジェクトでデータが取得できる。タプル型の結果が取得
        print(row["id"])

    # 2. fetchallで結果リストを取得する
    print("-------------------- 2 --------------------")
```

```
cur.execute('select * from articles')
for row in cur.fetchall():
    print(row["id"])

# 3. fetchoneで1件ずつ取得する
print("-------------------- 3 --------------------")
cur.execute('select * from articles')
print(cur.fetchone()["id"])   # 1レコード目が取得
print(cur.fetchone()["id"])   # 2レコード目が取得
```

227 さまざまなデータベースを操作したい

● コネクション関連操作

メソッド	処理
connect()	接続
conn.commit()	コミット
conn.close()	クローズ
conn.rollback()	ロールバック
conn.cursor()	カーソルの取得

● カーソル関連操作

メソッド	処理
cur.execute(SQL文、オプション)	SQLの実行
cur.close()	クローズ
cur.fetchone()	1行フェッチ
cur.fetchall()	全件フェッチ

※connはコネクションオブジェクトを、curはカーソルオブジェクトを指します

■ データベース操作の共通仕様

　Pythonは、組み込みのsqlite3以外にサードパーティ製のドライバモジュールを使うことで、さまざまなデータベースを操作することができます。データベースはさまざまな種類があり、オープンソースだけでもsqlite3、MySQL、MariaDB、PostgreSQLといった種類が挙げられます。また、これらのデータベースに対応したドライバもさまざまなものがありますが、こういった製品ごとにコードの記述方法がばらばらだと、利用者側にとっては学習、移行、移植等のコストが高くなってしまいます。このため、Pythonには PEP 249（Python Database API Specification v2.0）という仕様があり、データベース操作に関するモジュールのAPI仕様の統一が図られています。このおかげで、ドライバモジュールを入れ替えるだけでさまざまなデータベースに対して、ほとんど同じような書き方で操作をすることが可能となります。なお、この規格はDB-API 2.0と書かれることもあります。

● PEP 249

```
https://www.python.org/dev/peps/pep-0249/
```

■ モジュールの準拠とバージョン

使いたいデータベースのドライバモジュールがPEP 249に準拠しているかどうかは、公式ドキュメントを確認する以外に、apilevelと呼ばれるモジュール変数を確認する方法があります。例えば、mysqlclientというMySQLへの接続ドライバモジュールで調べると、以下のように出力されます。

■ recipe_227_01.py

```
import MySQLdb
print(MySQLdb.apilevel)
```

▼ 実行結果

```
'2.0'
```

2.0というのは、Python Database API Specification v2.0に準拠していることを指しています。

Chap 15 リレーショナルデータベース

228 MySQLを操作したい

Syntax

- mysqlclientのインストール

```
pip install mysqlclient
```

- mysqlclientのインポート

```
import MySQLdb
```

- 接続

メソッド	処理と戻り値
MySQLdb.connect(パラメータ)	パラメータで指定したMySQLサーバに接続し、コネクションオブジェクトを返す

▶ パラメータ

パラメータ	意味
user	ユーザ
passwd	パスワード
host	ホスト
db	データベース
port	ポート
charset	キャラセット

■ mysqlclientとインストール

MySQLへの接続用モジュールはいくつかあるのですが、この本ではmysqlclient（マイエスキューエル）を紹介します。冒頭のpipでインストールできるのですが、Cで実装されたクライアントライブラリに依存しているため、利用環境により必要に応じたMySQLの関連ライブラリをインストールする必要があります。以下のPyPIドキュメントを参照してください。

- PyPIドキュメント

https://pypi.org/project/mysqlclient/

PEP 249に準拠していますので、接続時のパラメータ以外、基本的な操作はsqlite3と同様です。

インポートと接続

　mysqlclientはMySQLdbというモジュールからフォークされたものであるため、インポートの際は
MySQLdbと記述します。接続ではホストやユーザ、パスワードなどを指定します。

SQLの実行例

　以下のコードは、MySQLサーバに接続し、SELECT文を実行して結果をprint出力するサンプルで
す。SQLのパラメータには%sを使用し、executeの第2引数で値をタプルで指定します。

■ recipe_228_01.py

```
import MySQLdb

# 接続情報
con_info = {"user":"db user", "passwd":"db password",
"host":"localhost", "db":"sample", "charset":"utf8"}

# 接続する
with MySQLdb.connect(**con_info) as con:

    # カーソルを取得する
    with con.cursor() as cur:

        # クエリを実行する
        sql = "select id, body, post_code, created from posts
where id > %s and post_code in %s"
        cur.execute(sql, (1, [1, 2, 3], ))

        # 実行結果をすべて取得する
        rows = cur.fetchall()

        # 一行ずつ表示する
        for row in rows:
            print(row)
```

前記のサンプルのコネクションは辞書でキーワード引数をまとめて指定していますが、以下と同等です。

```
with MySQLdb.connect(
        user='db user',
        passwd='db password',
        host='localhost',
        db='sample',
        charset="utf8") as con:
```

229　PostgreSQLを操作したい

Syntax

- psycopg2のインストール

```
pip install psycopg2
```

- psycopg2のインポート

```
import psycopg2
```

メソッド	戻り値
psycopg2.connect(接続パラメータ)	パラメータで指定したPostgreSQLサーバに接続し、コネクションオブジェクトを返す

接続パラメータ	意味	接続パラメータ	意味
user	ユーザ	dbname	データベース
password	パスワード	port	ポート
host	ホスト		

- クライアント側のエンコード設定

```
con.set_client_encoding('文字セット')
```

※conはコネクションオブジェクトを指します

psycopg2とインストール

　PostgreSQL(ポストグレスキューエル)への接続用モジュールはいくつかあるのですが、本書ではpsycopg2を紹介します。冒頭のpipでインストールできるのですが、処理系によっては事前にPostgreSQLの関連ライブラリをインストールする必要があります。以下の公式ドキュメントを参照してください。

- Psycopg documentation

```
https://www.psycopg.org/docs/index.html
```

　PEP 249に準拠していますので接続時のパラメータ以外、基本的な操作はsqlite3と同様です。

インポートと接続

接続ではホストやユーザ、パスワードなどを指定します。

SQLの実行

以下のコードはPostgreSQLサーバに接続し、SELECT文を実行して結果をprint出力するサンプルです。SQLのパラメータには%sを使用し、executeの第2引数で値をタプルで指定します。

```
import psycopg2

# 接続情報
con_info = {"user":"db user", "password":"db password",
"host":"localhost", "dbname":"sample"}

# 接続する
with psycopg2.connect(**con_info) as con:

    # カーソルを取得する
    with con.cursor() as cur:

        # クエリを実行する
        sql = "select id, body, post_code, created from posts
where id > %s and post_code in %s"
        cur.execute(sql, (1, (1, 2, 3), ))

        # 実行結果をすべて取得する
        rows = cur.fetchall()

        # 一行ずつ表示する
        for row in rows:
            print(row)
```

上のサンプルのコネクションは辞書でキーワード引数をまとめて指定していますが、以下と同等です。

```
with psycopg2.connect(
        user='db user',
        password='db password',
        host='localhost',
        dbname='sample') as con:
```

HTTPリクエスト

Chapter

16

Webサイトや
REST APIにアクセスしたい

● Requestsのインストール

```
pip install requests
```

● Requestsのインポート

```
import requests
```

▬ HTTPリクエストとRequests

　PythonでHTTPリクエストする場合、標準ライブラリでも機能が提供されているのですが、Requests
というサードパーティ製のライブラリのほうが利用が容易であるため、こちらを使用することをおすすめしま
す。RequestsはGET、POSTといったHTTPメソッドごとに関数が提供されており、リクエストパラメー
タやユーザエージェント等のリクエストヘッダの設定を簡単に行うことができます。

　代表的なメソッドに対応するRequestsの関数を紹介します。

関数	HTTPメソッド
get	GET
post	POST
put	PUT
head	HEAD
delete	DELETE
patch	PATCH

　上記の関数にURLやパラメータ、HTTPヘッダの情報を引数に設定するとHTTPリクエストが実行さ
れます。例えば、以下のコードではPythonの公式サイトトップページに対しGETリクエストを実行し、結
果のHTMLをprint出力しています。

```
import requests
r = requests.get("https://docs.python.org/")
print(r.text)
```

これらの関数を実行すると、HTTPレスポンスの情報が格納されたオブジェクトが返されます。本書では便宜上これをレスポンスオブジェクトと呼ぶことにします。前記のコードでは変数rがレスポンスオブジェクトとなります。レスポンスオブジェクトにはステータスコード、HTTPヘッダ、本文、エンコーディングなどが格納されており、HTTPリクエストの関数とレスポンスオブジェクトを用いて、REST APIやスクレイピングを行うことができます。

■ HTTPリクエストの注意点

公開されているAPIやWebサイトのようなサーバに対して多くのHTTPリクエスト行うと、その分対象Webサーバに負荷をかけてしまいます。このことにより、サーバのレスポンスが遅くなったりダウンしたりすると、業務妨害等で訴訟を受ける可能性がありますので、リクエストの時間間隔を数秒程度空けるようにしましょう。また、リクエストの方法によっては、リクエスト先のサーバに対して問題を起こす可能性があります。例えば、ブラウザ操作上では発生し得ないパラメータを設定して送信すると、リクエスト先のサーバが管理しているデータが破損する可能性があります。こちらもやはりWebサイトへの攻撃とみなされ（フォーム改ざん攻撃と呼びます）、訴訟を受ける可能性があります。頻度が過大なリクエストや不正なリクエストを避け、相手先サーバの迷惑にならないように心がけましょう。

Chap.16 HTTPリクエスト

.... Column

httpbin.org

httpbin.orgとはHTTPリクエストの確認用のWebサービスで、HTTPメソッドに応じた以下のURLが用意されています。また、リクエストに応じたJSONがレスポンスとして返されます。

パス	HTTPメソッド
/delete	DELETE
/get	GET
/patch	PATCH
/post	POST
/put	PUT

以降のサンプルコードではhttpbin.orgを使用することにします。

231 GETリクエストしたい

Syntax

関数とパラメータ	処理と戻り値
requests.get(URL, params=dict型変数)	辞書の内容のGETパラメータを設定し、指定したURLにGETリクエストを行いレスポンスオブジェクトを返す

■ GETリクエスト

Requestsはget()でGETリクエストを実行することができます。また、戻り値にレスポンスを格納したオブジェクトを得ることができます。以下のコードでは、https://httpbin.org/getというURLに対してGETリクエストを実行し、結果をprint出力しています。

■ recipe_231_01.py

```python
import requests
r = requests.get("https://httpbin.org/get")
print(r.text)
```

■ パラメータの付加

また、以下コードのようにキーワード引数paramsを指定することで、GETパラメータを付加することができます。以下のコードでは、先ほどのリクエストにGETパラメータを付加してリクエストを実行しています。

■ recipe_231_02.py

```python
payload = {'param1': "python", 'param2': "recipe"}
r = requests.get("https://httpbin.org/get", params=payload)
print(r.text)
```

なお、上のリクエストは以下のURLへのGETリクエストと同等です。

https://httpbin.org/get?param1=python&param2=recipe

232 レスポンスのさまざまな情報を取得したい

Syntax

属性	意味
`r.status_code`	ステータスコード
`r.text`	テキスト形式のレスポンスbody
`r.content`	byte形式のレスポンスbody
`r.encoding`	エンコーディング
`r.headers`	レスポンスヘッダ

※rはRequestsのレスポンスオブジェクトを指します

レスポンス情報

Requestsのレスポンスオブジェクトには、HTML等のコンテンツ以外に、ステータスコードやレスポンスヘッダなどが格納されています。以下のコードでは、https://httpbin.org/getに対しGETリクエストを実行し、ステータスコードやエンコーディング、レスポンスヘッダをprint出力しています。

recipe_232_01.py

```python
import requests
r = requests.get("https://
httpbin.org/get")

# エンコーディング
print(r.encoding)

# httpステータスコード
print(r.status_code)

# レスポンスヘッダ
print(r.headers)
```

▼ 実行結果

```
None
200
{'Date': 'Sun, 23 Aug 2020
13:40:37 GMT', 'Content-Type':
'application/json', 'Content-
Length': '308', 'Connection':
'keep-alive', 'Server':
'gunicorn/19.9.0', 'Access-
Control-Allow-Origin': '*',
'Access-Control-Allow-
Credentials': 'true'}
```

233 レスポンスの
エンコーディングを設定したい

Syntax

構文	意味
r.encoding = r.apparent_encoding	エンコーディングに自動判定結果を設定する
r.encoding = 'エンコーディング'	エンコーディングを手動で設定する

※rはRequestsのレスポンスオブジェクトを指します

■ Requestsのエンコーディング判定

　Requestsは、レスポンスのHTTPヘッダを元にエンコーディングを判定しています。content-type
がないか、あってもcharsetが設定されていない場合は、ISO-8859-1（ラテンアルファベット）が設定
されます。このためサーバ側の設定次第では、誤ったエンコーディングが設定されることがあります。こう
いった場合のために、レスポンスオブジェクトにはエンコーディングを判定するapparent_encodingプロ
パティが用意されています。

　ところがこの判定結果もうまく行かない場合があり、その場合は手動で設定する必要があります。例
えばutf-8を設定する場合は、以下のように記述します。

```
r.encoding = 'utf_8'
```

　指定できる代表的なエンコーディングは、「167　bytes型と文字列を変換したい」を参照してくださ
い。

234 POSTリクエストしたい

Syntax

関数とパラメータ	処理と戻り値
`requests.post(URL, data=dict型変数)`	辞書でパラメータを設定し、指定したURLにPOSTリクエストを行いレスポンスオブジェクトを返す
`requests.post(URL, json=json文字列)`	JSON形式のパラメータを設定し、指定したURLにPOSTリクエストを行いレスポンスオブジェクトを返す

■ POSTリクエスト

Requestsは、post()でPOSTリクエストを実行することができます。パラメータはキーワード引数dataを設定します。GETと同様、戻り値にHTTPのレスポンス情報を格納したレスポンスオブジェクトを得ることができます。

右のコードではhttps://httpbin.org/postというURLに対し、パラメータkey1、key2を付加してPOSTリクエストを実行しています。

■ recipe_234_01.py

```python
import requests
payload = {'key1': 'value1',
'key2': 'value2'}
url = "https://httpbin.org/post"
r = requests.post(url,
data=payload)
print(r.text)
```

■ JSONのPOST

また、キーワード引数jsonにJSON文字列を指定することもできます。右のコードでは、JSON形式のパラメータを付加してPOSTリクエストを実行しています。

■ recipe_234_02.py

```python
import requests
import json

payload = {'key1': 'value1',
'key2': 'value2'}
url = "https://httpbin.org/post"
r = requests.post(url, json=json.
dumps(payload))
print(r.text)
```

235 リクエストヘッダを追加したい

Syntax

```
requests.get(URL, headers=辞書)
```

※post()やput()等、他のメソッドも同様です

■ リクエストヘッダの設定

リクエストヘッダを追加したい場合は、get()などの引数に対し辞書形式で付加することができます。以下のサンプルでは、get()でHTTPヘッダにユーザエージェントを設定しています。

■ recipe_235_01.py

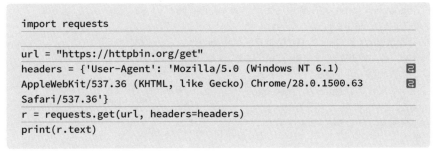

```
import requests

url = "https://httpbin.org/get"
headers = {'User-Agent': 'Mozilla/5.0 (Windows NT 6.1)
AppleWebKit/537.36 (KHTML, like Gecko) Chrome/28.0.1500.63
Safari/537.36'}
r = requests.get(url, headers=headers)
print(r.text)
```

実行結果は省略しますが、リクエストヘッダが設定されていることを確認することができます。

236 プロキシサーバを経由してアクセスしたい

```
requests.get(URL, proxies=proxies)
```

※post () やput () 等、他のメソッドも同様です

プロキシサーバの経由

requestsは、squid等のプロキシーサーバを経由してアクセスすることも可能で、辞書形式でhttp、httpsの通信先を設定します。ホストとポートは ":" 区切りで記述します。以下のコードは、ホストがxxx.xxx.xxx.xxx、ポートが3128のプロキシサーバを経由したリクエストを実行しています。

■ recipe_236_01.py

```
import requests

url = "https://httpbin.org/get"
proxies = {"http": "http://xxx.xxx.xxx.xxx:3128", "https":
"https://xxx.xxx.xxx.xxx:3128"}
r = requests.get(url, proxies=proxies)
```

237 タイムアウトを設定したい

> **Syntax**

● コネクションタイムアウトの設定

```
requests.get(URL, timeout=タイムアウト)
```

※コネクションタイムアウト、リードタイムアウト両方に設定されます

● コネクションタイムアウトとリードタイムアウトの設定

```
requests.get(URL, timeout=(コネクションタイムアウト, リードタイムアウト))
```

※post () やput () 等、他のメソッドも同様です

■ タイムアウト

　HTTPアクセスする際に考慮が必要なタイムアウトは、2種類あります。コネクションタイムアウトを設定すると、接続で指定した時間を超えた場合、リードタイムアウトはコンテンツのダウンロードで指定した時間を超えた場合、例外が発生し処理が中断されます。

　以下のコードはコネクションタイムアウトに3秒、リードタイムアウトに30秒を設定しています。

```
import requests

url = "https://httpbin.org/get"
requests.get(url, timeout=(3, 30))
```

HTMLパース

Chapter

17

238 HTMLをパースしたい

- BeautifulSoup4のインストール

```
pip install beautifulsoup4
```

- HTMLパーサライブラリのインストール

```
pip install lxml
pip install html5lib
```

- BeautifulSoupのインポート

```
from bs4 import BeautifulSoup
```

- HTMLのパース

構文	意味
soup = BeautifulSoup("HTML文字列", ⏎ "パーサライブラリ名")	指定したHTML文字列を指定したパーサライブラリでパースしたBeautifulSoupオブジェクトを取得する

■ BeautifulSoup4とパーサライブラリ

PythonでHTMLをパースする場合、BeautifulSoup4というライブラリがよく使われます。BeautifulSoup4は、HTMLをパースする際に使用するパーサライブラリを選ぶことができるのですが、よく選ばれるパーサは以下の2つとなります。

▸ **html5lib**
▸ **lxml**

html5libは、WHATWG HTML仕様に準拠するように設計されたHTMLパーサで、HTMLが多少不完全でもある程度は修正して補完してくれるため、たいていのHTMLはhtml5libでパース可能です。ただしPythonで実装されているため、少し処理が遅いです。lxmlはC言語ライブラリに依存しているため処理が速く、XMLのパースにも使用できるのですが、html5libと比較すると不完全なHTMLの場合はパースできないことがあります。

▬ BeautifulSoupオブジェクトの生成

　HTML文字列を読み込みBeautifulSoupオブジェクトを生成すると、CSSセレクタやXPathで特定のHTMLノードを取り出すことができます。以下のコードでは、HTML文字列からBeautifulSoupオブジェクトを生成し、h1タグの内容を取得しています。

■ recipe_238_01.py

```
from bs4 import BeautifulSoup
html = "<html><body><h1>chapter 1</h1><p>paragraph1</p>
<p>paragraph2</p></body></html>"
soup = BeautifulSoup(html, "html5lib")
h1 = soup.find("h1")
print(h1.text)
```

▼ 実行結果

```
chapter 1
```

条件を指定してタグを取得したい

Syntax

メソッド	戻り値
soup.find("タグ")	指定したタグのTagオブジェクトを返す
soup.find(属性=属性値)	指定した属性に一致するタグのTagオブジェクトを返す
soup.find("タグ", 属性=属性値)	指定したタグと属性に一致するタグのTagオブジェクトを返す

※soupはBeautifulSoupオブジェクトもしくはTagオブジェクトを指します

■ 条件指定によるタグ取得

BeautifulSoupオブジェクトは、findメソッドの引数に条件を指定することで、HTML内部のさまざまなタグを取得することが可能です。引数としてTagオブジェクトと呼ばれるオブジェクトが返されます。print出力するとそのタグが文字列として出力されます。また、次項で解説しますが、属性やタグ内部のテキストなどを取得することができます。指定した条件に一致するタグが複数ある場合は、最初の1つが返されます。

タグ名の指定

以下のコードでは、HTML文字列のh1タグを取得しています。

■ recipe_239_01.py

```python
from bs4 import BeautifulSoup
html = '<html><body><div id="content"><h1>chapter 1</h1><p
class="para1">paragraph1</p> <p class="para2">paragraph2</
p><div></body></html>'
soup = BeautifulSoup(html, "html5lib")

h1 = soup.find("h1")
print(h1)
```

▼ 実行結果

```
<h1>chapter 1</h1>
```

属性の指定

キーワード引数でタグの属性を条件として指定することが可能です。以下のサンプルではidがcontentのタグを取得しています。

■ recipe_239_02.py

```
content = soup.find(id="content")
print(content)
```

▼ 実行結果

```
<div id="content"><h1>chapter 1</h1><p class="para1">paragraph1</
p> <p class="para1">paragraph2</p><div></div></div>
```

CSSのclassを指定する場合は注意が必要です。classはPythonの予約語であるため、アンダーバーをつけます。

■ recipe_239_03.py

```
para1 = soup.find("p", class_='para1')
print(para1)
```

▼ 実行結果

```
<p class="para1">paragraph1</p>
```

Tagオブジェクトで連鎖的に階層を下る

TagオブジェクトはBeautifulSoupオブジェクトと同様、findメソッドを使用することができ、連鎖的にタグをたどることが可能です。

以下のサンプルでは、<div id="content"> → <p class="para1">とたどっています。

■ recipe_239_04.py

```
div = soup.find("div", id="content")
p = div.find("p")
print(p)
```

▼ 実行結果

```
<p class="para1">paragraph1</p>
```

240 取得したタグから情報を取得したい

属性	値
Tag.name	タグ名
Tag.text	タグ内部のテキスト
Tag.attrs	属性
Tag.get("属性名")	指定した属性の値

※TagはBeautifulSoupのTagオブジェクトを指します

― タグの情報

HTMLのタグにはタグで囲まれたテキストや、class、href、srcなどの属性が情報として含まれています。findで取得したTagオブジェクトから、それらの情報を取得することができます。以下のコードでは、HTMLのaタグからリンクの内部文字とhrefで指定されたリンク先URLを取得しています。

■ recipe_240_01.py

```python
from bs4 import BeautifulSoup
html = '<html><body><div id="content"><a class="inf-link" href="/
support/inquiry-form">お問い合わせはこちらから</a><div></body></html>'
soup = BeautifulSoup(html, "html5lib")

a = soup.find("a")
print(a.text)
print(a.get("href"))
```

▼ 実行結果

```
お問い合わせはこちらから
/support/inquiry-form
```

241 条件に一致するタグを すべて取得したい

Syntax

メソッド	戻り値
soup.find_all("タグ")	指定したタグのTagオブジェクトのシーケンス
soup.find_all(属性=属性値)	指定した属性に一致するタグの Tagオブジェクトのシーケンス
soup.find_all("タグ", 属性=属性値)	指定したタグと属性に一致するタグの Tagオブジェクトのシーケンス

※soupはBeautifulSoupオブジェクトもしくはTagオブジェクトを指します

■ 条件指定によるすべてのタグ取得

　BeautifulSoupオブジェクトやTagオブジェクトには、findメソッドによく似たfind_allというメソッドがあります。条件を指定してタグを取得するという基本的な使い方はfindメソッドと同様なのですが、find_allメソッドは、指定した条件に一致するすべてのTagオブジェクトがシーケンスとして返されます。以下のコードでは、HTML文字列のpタグをすべて取得してforループで出力しています。

■ recipe_241_01.py

```
from bs4 import BeautifulSoup
html = '<html><body><div id="content"><h1>chapter 1</h1><p
class="para1">paragraph1</p> <p class="para2">paragraph2</
p><div></body></html>'
soup = BeautifulSoup(html, "html5lib")

ptags = soup.find_all("p")
for p in ptags:
    print(p)
```

▼ 実行結果

```
<p class="para1">paragraph1</p>
<p class="para2">paragraph2</p>
```

242 スクレイピングしたい

━ HTTPリクエストとHTMLパーサによるスクレイピング

　検索エンジンのクローラーなどがWebサイトのHTMLを解析して情報を抽出することをスクレイピングと呼びます。HTMLの取得にRequestsを、HTMLのパースにBeautifulSoup4を使用することでスクレイピングを行うことができます。以下のコードでは、技術評論社の新刊情報を取得しています。

■ recipe_242_01.py

```python
import requests
from bs4 import BeautifulSoup

# 新刊のURL
url = "https://gihyo.jp/book/list"

# HTTP GETリクエスト
r = requests.get(url)

# HTMLの取得
html = r.text

# HTMLのパース
soup = BeautifulSoup(html, "html5lib")

# ulタグの取得
ul = soup.find("ul", class_="magazineList01 bookList01")

# ulタグ配下のliタグをシーケンスで取得
lis = ul.find_all("li")

# liタグごとに書籍情報を取得
for li in lis:
    link = li.find("h3").find("a")
    print(link.text, link.get("href"))
```

▼ 実行結果

テレワークをはじめよう /book/2020/978-4-297-11490-9

今すぐ使えるかんたんminiCanon EOS M200 基本&応用 撮影ガイド /book/2020/
978-4-297-11383-4

Q&Aでわかる テレワークの労務・法務・情報セキュリティ /book/2020/978-4-297-
11448-0

図解即戦力IT投資の評価手法と効果がこれ1冊でしっかりわかる教科書 /book/2020/978
-4-297-11369-8

図解即戦力要件定義のセオリーと実践方法がこれ1冊でしっかりわかる教科書 /
book/2020/978-4-297-11367-4

巣ごもり消費マーケティング～「家から出ない人」に買ってもらう100の販促ワザ /
book/2020/978-4-297-11442-8

　　　:
　　　:
　　　:

　技術評論社の新刊情報が一覧で取得することができました（ただし、サイトの構成が変化すると前記のスクリプトは使えなくなります。その場合、同じHTMLをサンプルに同梱していますので、動作確認用に使ってみてください）。

画像処理

Chapter

18

243 画像編集ライブラリを使いたい

● Pillowのインストール

```
pip install Pillow
```

■ Pillow

　Pythonで画像編集を行う際、Pillowと呼ばれるライブラリがよく使用されます。PillowでBMP、JPEG、PNG、PPM 、GIF、TIFFといった代表的な画像形式に対し、サイズ変換、回転、クロッピング、合成等を簡単に行うことができます。

244 画像の情報を取得したい

- Imageモジュールのインポート

```
from PIL import Image
```

- 画像ファイルの読み込み

構文	意味
image = Image.open(画像のパス)	指定したパスの画像を読み込みPillowのImageオブジェクトを得る

- Imageオブジェクトの画像情報属性

属性	意味
image.format	ファイルフォーマットの取得
image.mode	ピクセル形式の取得
image.size	画像サイズの取得

※imageはPillowのImageオブジェクトを指します

━ Pillowによる読み込みと画像情報の取得

　Pillowの Image.open で画像ファイルを指定すると、ファイルの種類に応じた画像編集用のオブジェクトが取得できます。以降、このオブジェクトのことを本書では便宜上Imageオブジェクトと呼称することにします。このオブジェクトには、フォーマットやサイズなどの各種情報が含まれています。以下のサンプルでは、カレントディレクトリにある適当なpngファイルの情報を出力しています。

■ recipe_244_01.py

```
from PIL import Image
image = Image.open('python-logo.png')
# ファイルフォーマットの取得
print(image.format)

# ピクセル形式 ("1", "L", "RGB", "CMYK"など)
print(image.mode)
```

```
# 画像サイズ
print(image.size)
```

▼ 実行結果

```
PNG
RGBA
(50, 65)
```

245 Pillowで開いた画像を参照・保存したい

メソッド	処理と戻り値
image.show()	ビューワーを開き画像を参照する。戻り値なし
image.save(保存先パス)	指定した保存先に画像を保存する。戻り値なし

※imageはPillowのImageオブジェクトを指します

■ 編集画像の参照と保存

Pillowで作業する際、Image.openで画像を開き、編集操作を加えて保存するという流れになります。保存にはsave()を実行します。また、実行した環境がデスクトップ環境である場合はshowメソッドでビューワーが起動し、編集中の内容を参照することができます。

以下のコードでは画像を開き、上下反転加工を加えた後showで参照し、saveで保存処理を行っています。

■ recipe_245_01.py

```python
from PIL import Image
image = Image.open('pillow_sample.jpg')
image2 = image.transpose(Image.FLIP_TOP_BOTTOM)
image2.show()
image2.save('new_sample.jpg')
```

Chap 18 画像処理

246 画像を拡大・縮小したい

Syntax

メソッド	処理と戻り値
`image.resize((x, y))`	指定した画像サイズx,y にリサイズした imageオブジェクトを返す
`image.thumbnail((x, y))`	指定した画像サイズx,y にimageオブジェクトをリサイズする。戻り値なし

※imageはPillowのImageオブジェクトを指します

■ 画像の拡大・縮小

resize

resizeメソッドを使用すると画像を拡大・縮小させることが可能です。第1引数に縦横のピクセルサイズのタプルを指定します。以下のコードでは、読み込んだ画像を400×200にリサイズしています。出力画像の通り、オリジナルの縦横比は無視されます。

■ recipe_246_01.py

```python
from PIL import Image
image = Image.open('pillow_sample.jpg')
new_image = image.resize((400, 200))
new_image.save('pillow_resize1.jpg')
```

▼ 実行結果

元の画像

リサイズ後の画像

thumbnailメソッド

もしオリジナルの縦横比を考慮したい場合は、thumbnailメソッドを使用します。thumbnailメソッドは破壊的に作用し、元のオブジェクトが書き換わります。

■ recipe_246_02.py

```python
from PIL import Image
image = Image.open('pillow_sample.jpg')
image.thumbnail((400, 400))
image.save('pillow_resize2.jpg')
```

▼ 実行結果
リサイズ後の画像

247 画像をクロッピングしたい

Syntax

メソッド	戻り値
`image.crop((x0, y0, x1, y1))`	指定した矩形 (x0, y0)〜(x1, y1) を クロッピングしたImageオブジェクトを返す

※imageはPillowのImageオブジェクトを指します

■ 画像のクロッピング

cropメソッドを使用すると、画像をクロッピング (不要な領域を除去) することができます。第1引数に矩形(けい)を指定したタプルを指定します。矩形は以下の通り、左上を原点 (0, 0) とした平面座標中の、左上〜右下の矩形の座標の並び (x0, y0, x1, y1) で表します。

● 矩形と座標

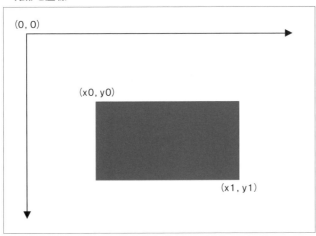

(0, 0)

(x0, y0)

(x1, y1)

次ページのサンプルでは、読み込んだ画像の一部を抽出しています。

422

■ recipe_247_01.py

```python
from PIL import Image
image = Image.open("pillow_sample.jpg")
rect = (400, 500, 525, 625)
new_image = image.crop(rect)
new_image.save("pillow_crop.jpg")
```

▼ 実行結果

元の画像

クロッピング後の画像

248 画像を回転させたい

Syntax

メソッド	戻り値
image.rotate(回転角度, expand)	指定の角度回転させたImageオブジェクトを返す

※imageはPillowのImageオブジェクトを指します

▶ expandパラメータ

値	意味
False	はみ出しありの回転。はみ出した部分は消える（デフォルト）
True	はみ出さないように回転

■ 画像の回転

rotateメソッドで引数に指定した角度分、画像を回転させることができます。通常、画像を回転させると元のサイズに収まらない部分が発生しますが、引数expandにTrueを指定するとはみ出さないように回転します。以下のサンプルでは、読み込んだ画像を回転させています。

■ recipe_248_01.py

```python
from PIL import Image
image = Image.open("pillow_sample.jpg")
new_image1 = image.rotate(45)
new_image1.save("pillow_rotate1.jpg")
new_image2 = image.rotate(45, expand=True)
new_image2.save("pillow_rotate2.jpg")
```

▼ 実行結果

回転後の画像

249 画像を反転させたい

メソッド	戻り値
image.transpose(反転方向)	指定した方向に反転させたImageオブジェクトを返す

反転方向の定数	反転方向
Image.FLIP_LEFT_RIGHT	左右反転
Image.FLIP_TOP_BOTTOM	上下反転

※imageはPillowのImageオブジェクトを指します

■ 画像の反転

Pillowのtransposeメソッドを使用すると、画像を反転させることが可能です。引数に反転方向を指定します。以下のコードでは、読み込んだ画像を横、縦に反転させています。

■ recipe_249_01.py

```python
from PIL import Image
image = Image.open("pillow_sample.jpg")
new_image1 = image.transpose(Image.FLIP_LEFT_RIGHT)
new_image1.save("pillow_flip1.jpg")
new_image2 = image.transpose(Image.FLIP_TOP_BOTTOM)
new_image2.save("pillow_flip2.jpg")
```

▼ 実行結果

横方向に反転した画像

縦方向に反転した画像

Chap 18 画像処理

250 画像をグレースケールに変換したい

Syntax

メソッド	戻り値
`image.convert('色空間を表す文字列')`	指定した色空間に変換したImageオブジェクトを返す

※imageはPillowのImageオブジェクトを指します

● 色空間の種類

文字列	色空間の種類
L	グレースケール
RGB	RGB色空間
CMYK	CMYK色空間

■ 色空間の変換

convertメソッドを使用すると、文字列で指定した色空間に変換したオブジェクトを得ることができます。引数にLを指定すると、グレースケール変換となります。以下のサンプルでは、読み込んだ画像をグレースケールに変換させています。

■ recipe_250_01.py

```python
from PIL import Image
image = Image.open("pillow_sample.jpg")
new_image = image.convert("L")
new_image.save("pillow_gray.jpg")
```

251 画像の中に文字を埋め込みたい

Syntax

- Image、ImageFont、ImageDrawモジュールのインポート

```
from PIL import Image, ImageFont, ImageDraw
```

- ImageFontの生成

```
ImageFont.truetype(利用したいフォントのファイルパス, font_size)
```

- ImageDrawの生成

```
ImageDraw.Draw(image)
```

※imageはPillowのImageオブジェクトを指します

- ImageDrawのメソッド

メソッド
draw.text((x, y), "テキスト", font=フォント, fill=フォントカラー)

処理と戻り値
座標x, yに指定したフォントでテキストを書き込む。戻り値なし

■ 画像へのテキスト挿入

画像にテキストを挿入する場合は、ImageDraw、ImageFontをインポートし、ImageFontでフォントオブジェクトを生成後、ImageDrawを使用してImageオブジェクトに対してtextメソッドで書き込みを行います。

以下のコードでは座標（100, 100）に白の文字を書き込んでいます。

■ recipe_251_01.py

```
from PIL import Image, ImageFont, ImageDraw
image = Image.open("pillow_sample.jpg")
text = "Pythonレシピ"
color = (255, 255, 255)
font_size = 128
```

〉〉

```
font = ImageFont.truetype("フォントファイルのパス", font_size)
draw = ImageDraw.Draw(image)
draw.text((100, 100), text, font=font, fill=color)
image.save("pillow_text.jpg")
```

▼ 実行結果

　なお、フォントファイルは処理系や設定により異なります。以下は、代表的なフォントの配置箇所となりますが、バージョンによっては異なります。

OS	パス	補足
Windows 10	C:¥Windows¥Fonts	
	C:¥Users¥（ユーザ名）¥AppData¥Local¥Microsoft¥Windows¥Fonts	ユーザフォント
Mac OS	/System/Library/Fonts	システムフォント
	/Library/Fonts	ライブラリフォント
	/Users/ユーザ名/Library/Fonts	ユーザフォント
Ubuntu 18.04	/usr/share/fonts	

252 画像の中に画像を埋め込みたい

メソッド	処理
`image1.paste(image2, (x, y), image3)`	image1の座標 (x, y) にimage2を挿入、透明領域にimage3を設定

※imageはPillowのImageオブジェクトを指します

■ 画像の中に画像の埋め込み

Pillowのpasteメソッドを使用すると、画像に画像を貼り付けることができます。このメソッドは破壊的に作用し、メソッドを実行したImageオブジェクト自体に変更が発生します。

第1引数に貼り付けるimageオブジェクトを、第2引数に貼り付け先の座標を、第3引数でマスク領域のimageオブジェクトを指定します。第3引数のマスク領域ですが、省略すると透明pngのような透明部分がある場合は、マスクされて黒く塗りつぶされることになります。

■ recipe_252_01.py

```python
from PIL import Image
image = Image.open("pillow_sample.jpg")
logo = Image.open("python-logo.png")
image.paste(logo, (100, 100), logo)
image.save("pillow_paste.jpg")
```

▼ 実行結果

Chap 18 画像処理

429

画像のExif情報を読み込みたい

Syntax

メソッド	戻り値
image._getexif()	画像のExif情報を辞書で返す

※imageはPillowのImageオブジェクトを指します

● TAGSのインポート

```
from PIL.ExifTags import TAGS
```

■ Exif情報の取得

jpegには、Exif（イグジフ）と呼ばれる座標やカメラ機種等の撮影条件に関する情報（メタデータ）を追加して、保存できる領域があります。Pillowでは、このExifを参照することができます。また、PIL.ExifTagsモジュールに、Exifのコードと名称の辞書としてTAGSが用意されています。以下のコードでは、画像を読み込み、すべてのExif情報のコード、名称、値をprint出力しています。

■ recipe_253_01.py

```python
from PIL import Image
from PIL.ExifTags import TAGS
image = Image.open("pillow_sample.jpg")
exif = image._getexif()
for id, value in exif.items():
    print(id, TAGS.get(id), value)
```

▼ 実行結果

```
36864 ExifVersion b'0231'
37121 ComponentsConfiguration b'\x01\x02\x03\x00'
37377 ShutterSpeedValue (309781, 27725)
36867 DateTimeOriginal 2020:04:15 11:44:48
36868 DateTimeDigitized 2020:04:15 11:44:48
37378 ApertureValue (54823, 32325)
37379 BrightnessValue (94900, 8831)
37380 ExposureBiasValue (0, 1)
37383 MeteringMode 5
:
:
:
```

データ分析の準備

Chapter

19

254 データ分析をしたい

■ Pythonのデータ分析系ライブラリ

　Pythonにはデータ分析系のライブラリが非常に充実しています。本書では、データ分析でよく使われる以下のライブラリの基本的な使い方を解説します。

▸ IPython
　IPython（アイパイソン）とは、Pythonのインタラクティブシェルの一種でデータ分析系の業務でよく使用されます。通常のPythonの対話形式より豊富な機能が用意されています。

▸ NumPy
　NumPy（ナンパイ）は配列計算を扱うパッケージで、ベクトル・行列演算を行うことができます。

▸ pandas
　pandas（パンダス）は表形式のデータを扱うことができます。データ抽出、集計、ソート、ピボットテーブルといった表計算を行うことが可能です。

▸ Matplotlib
　Matplotlib（マットプロットリブ）はグラフ、チャート、マップといったデータの可視化機能を提供するパッケージです。

255 Anacondaを使いたい

▪ Anacondaとは

Anaconda(アナコンダ)とは、データサイエンス用のPythonパッケージをまとめたPythonディストリビューションの1つで、データ分析や科学技術計算パッケージがあらかじめインストールされています。Pythonでデータ分析系の環境を構築するとなると、さまざまなライブラリをインストールする必要があるのですが、Anacondaを使用するとこういった手間が省けます。以下のリンクからインストーラーをダウンロードすることができます。

● Anaconda

> https://www.anaconda.com/products/individual

なお、すでに標準Pythonがインストールされていると競合が発生することがあるため、Anacondaを使う場合はインストール前に標準Pythonをアンインストールすることをおすすめします。

▪ condaコマンドの使い方

Anacondaはパッケージ管理にcondaというコマンドが用意されており、condaコマンドを使用するとライブラリの追加や削除といった管理が可能です。Windowsの場合はスタートボタンからAnaconda Promptを起動して使用します。パッケージの検索、インストール、アップデート、削除、インストール済みのパッケージリスト表示等が行えます。pipコマンドを使用すると依存関係が壊れてしまうことがあるため、Anacondaを使用する場合はpipは原則使用しないようにしましょう。

仮想環境の作成

Anacondaはvenvのように仮想環境を使用することが可能です。仮想環境を作成する場合、以下のコマンドを実行します。

```
conda create --name <環境名> 仮想環境で使用するパッケージ
```

パラメータに仮想環境で使用するパッケージを指定します。例えば、Pythonのみ使用したい場合は以下のようなコマンドとなります。

```
conda create --name <環境名> python
```

また、cloneオプションを指定すると環境をクローンすることが可能です。

```
conda create --name <環境名> --clone <クローン元>
```

Anacondaの環境をそのまま使用したい場合は以下のようにbaseを指定します。

```
conda create --name <環境名> --clone base
```

仮想環境の切り替え

作成した仮想環境に切り替える場合は以下のコマンドを実行します。

```
conda activate <環境名>
```

一方、仮想環境から抜ける場合は以下のコマンドを実行します。

```
conda deactivate
```

また、作成された仮想環境の一覧を調べる場合は以下のコマンドを実行します。

```
conda info --envs
```

仮想環境の削除

作成した仮想環境を削除する場合は以下のコマンドを実行します。

```
conda remove --name <環境名> --all
```

パッケージの検索

パッケージの検索をするにはsearchを使います。

```
conda search <キーワード>
```

インストール

installでパッケージがインストールされます。

```
conda install --name <環境名> <パッケージ名>
```

アップデート

インストールしたパッケージをアップデートするには、以下のコマンドを実行します。また、conda自体をアップデートする場合は2行目のように指定します。

```
conda update --name <環境名> <パッケージ名>
conda update conda
```

アンインストール

インストールしたパッケージをアンインストールするには、以下のコマンドを実行します。

```
conda remove --name <環境名> <パッケージ名>
```

インストール済みパッケージの確認

インストール済みパッケージを確認するには、以下のコマンドを実行します。

```
conda list --name <環境名>
```

Chap **19** データ分析の準備

インストール済みパッケージのエクスポート

インストール済みパッケージをエクスポートするには、次ページのコマンドを実行し、テキストファイルにリダイレクトします。

```
conda list --name <環境名> --export > package-list.txt
```

また、エクスポートしたファイルを元に環境を作成する場合は、以下のコマンドを実行します。

```
conda create --name <環境名> --file package-list.txt
```

IPython

256 IPythonを使いたい

Syntax

- IPythonのインストール

```
pip install ipython
```

- IPythonの起動

```
ipython
```

IPythonとは

IPython(アイパイソン)とは、Pythonのインタラクティブシェルの一種で、データ分析系の業務でよく使用されます。通常のPythonの対話モードと比較して、コード補完や候補出力などの機能が充実しており格段に使いやすいため、対話モードの代わりに使用されることもあります。

IPythonのインストールと起動

冒頭の通りpipでインストールすることができます。Anacondaにはあらかじめインストールされているため、インストール不要です。コマンドラインでipythonと入力すると、以下のような対話モードが開始されます。

```
> ipython
Python 3.8.6 (default, Nov 24 2019, 17:01:39)
Type 'copyright', 'credits' or 'license' for more information
IPython 7.11.1 -- An enhanced Interactive Python. Type '?' for
help.

In [1]:
```

In [行番号]:の後ろに、Pythonコードを入力して実行することができます。

Tab キーによる補完

IPythonには、 Tab キーによる自動補完と候補表示機能が提供されています。途中まで入力して Tab キーを押下すると、補完候補を選ぶことができます。

```
In [1]: myvalue1 = 1

In [2]: m
```

▼ 実行結果

```
In [1]: myvalue1 = 1

In [2]: m
         map()        min()       %magic       %matplotlib %mv
         max()        myvalue1    %man         %mkdir
         memoryview   %macro      %%markdown   %more
```

■ ?コマンドによる変数の確認

変数やオブジェクトの後に?をつけて Enter キーを押下すると、以下のように変数の型や値を確認することができます。

```
In [3]: myvalue1?
Type:          int
String form: 1
Docstring:
int([x]) -> integer
:
:
```

マジック関数を使いたい

● 代表的なマジック関数

マジック関数	役割
%timeit	時間計測
%run	外部スクリプトを実行
%history	履歴参照
%save	スクリプトに保存

■ マジック関数

IPythonには、マジック関数と呼ばれるユーティリティのような関数があらかじめ用意されており、時間計測や履歴の確認などができます。以下の形式で利用します。

```
%[マジック関数名] パラメータ
```

時間計測

%timeitを使用すると、処理の実行時間を計測することができます。以下のIPythonの対話では、要素数が1000個のリストを生成する際の実行時間を調べています。

```
In [1]: %timeit list(range(1000))
10.3 µs ± 109 ns per loop (mean ± std. dev. of 7 runs, 100000
loops each)
```

外部スクリプトの実行

%runで外部スクリプトを実行することができます。例えば、以下の内容でsample.pyという名前のスクリプトがあるとします。

```
print("This is a sample.")
```

IPythonから以下のように実行することができます。

```
In [1]: %run sample.py
This is a sample.
```

履歴の参照と保存

%historyで履歴を参照することができます。%saveは、履歴の中で保存したいものを番号指定してスクリプトとして保存できます。以下のIPythonの対話では、4番目で1、2番目の実行内容を%saveでsample2.pyという名前で保存し、5番目で%runにより実行しています。

```
In [1]: s = 'sample'

In [2]: print(s)
sample

In [3]: %history
s = 'sample'
print(s)
%history

In [4]: %save sample2.py 1 2
The following commands were written to file `sample2.py`:
s = 'sample'
print(s)

In [5]: %run sample2.py
sample
In [6]: %load sample2.py
   ...: s = 'sample'
   ...: print(s)
   ...:
sample
```

441

NumPy

Chapter

21

258 NumPyを使いたい

Syntax

● NumPyのインストール

```
pip install numpy
```

● numpyのインポート

```
import numpy as np
```

■ NumPyとは

　科学技術計算やWebデータの分析などの大規模なデータを取り扱う場合、多次元かつ大量のベクトル（＝配列）の演算が必要になることがあります。NumPyを使用すると、そういった多次元、大量のベクトル演算を容易に行うことが可能です。さらに、NumPyの配列を使用すると比較的高速に処理することができます。

　また、科学技術計算の基礎ライブラリとしてさまざまな基本的な演算機能を提供しているため、Scipy、Matplotlib、pandasなど多くのライブラリがNumPyに依存しています。

■ NumPyのインストールとインポート

　冒頭のコマンドの通り、pipでインストールすることができます。Anacondaにはあらかじめインストールされているためインストール不要です。

　インポートして利用する際、npと別名をつけることが一般的です。例えば、numpyをインポートし、3行3列の行列を生成する場合は以下のように記述します。

```
import numpy as np

x = np.array([[11 , 12, 13], [21, 22, 23], [31, 32, 33]])
```

259 ndarrayを使いたい

> Syntax

● ndarrayの生成

関数	戻り値
np.array(list型変数)	指定したリストの値のndarray
np.arange(start, stop)	startからstopまでの1区切りのndarray
np.arange(start, stop, step)	startからstopまでのstep区切りのndarray

● 参照

```
ndarray[添字]
```

● 更新

```
ndarray[添字] = 更新値
```

━ ndarray

　NumPyにはリスト型に似たndarrayというシーケンスがあり、このndarrayでベクトルや行列を扱う演算ができます。ndarrayはNumPyの配列と呼ばれることもあります。Pythonのリストと比較して、さまざまな演算や数学的な関数処理を行うことができ、処理速度も速いという特徴があります。

━ リストからndarrayを生成する

　ndarrayは、np.array関数にリストやタプルのようなシーケンスを指定することで生成することができます。

■ recipe_259_01.py

```
import numpy as np
x = np.array([1, 0, 1])
print(x)
```

▼ 実行結果

```
[1 0 1]
```

■ さまざまなndarray生成

ndarrayの生成時に範囲、間隔、個数、型などを指定することができます。

範囲指定、間隔指定

arangeを使用すると範囲や間隔を指定することができます。

■ recipe_259_02.py

```
import numpy as np
x1 = np.arange(1, 10)       # 1以上10未満の配列を生成
print(x1)
x2 = np.arange(1, 10, 2) # 1以上10未満、間隔2の配列を生成
print(x2)
```

▼ 実行結果

```
[1 2 3 4 5 6 7 8 9]
[1 3 5 7 9]
```

要素数指定

linspaceを使用すると、ndarrayの要素数を指定して生成することができます。

■ recipe_259_03.py

```
import numpy as np
x = np.linspace(1, 2, 5) # 1～2で5個の要素
print(x)
```

▼ 実行結果

```
[1.   1.25 1.5  1.75 2.  ]
```

■ ndarrayへのデータアクセス

リストやタプルのような通常のシーケンスと同様に、添字でアクセスすることができます。

■ recipe_259_04.py

```python
import numpy as np

# 配列を生成
x = np.array([1, 2, 3, 4, 5])

# 0番目にアクセス
print(x[0])

# スライスで0番目から2番目未満にアクセス
print(x[0:2])

# 最後の要素にアクセス
print(x[-1])
```

▼ 実行結果

```
1
[1 2]
5
```

また、インデックスを指定して代入することにより更新することもできます。

■ recipe_259_05.py

```python
import numpy as np

# 配列を生成
x = np.array([1, 2, 3])

# 0番目を更新
x[0] = 100

print(x)
```

▼ 実行結果

```
[100   2   3]
```

NumPyの型

NumPyには、Pythonの型とは別に演算の特性に合わせた独自の型があります。よく使用される入門的なものとして、以下のものが挙げられます。

NumPyの型	意味
np.bool	真理値（boolと同等）
np.int64	64bit整数（intと同等）
np.float64	64bit浮動小数点数（floatと同等）

生成時に型の指定を省略すると自動で型が決められますが、明示的に型を指定したい場合はdtypeで指定します。また、ndarray.dtypeで型を確認することができます。以下のコードは、dtypeの指定なしの場合とありの場合でそれぞれndarrayを生成し、型を確認しています。

■ recipe_259_06.py

```python
import numpy as np

# 配列を生成（dtypeの指定なし）
x1 = np.array([1, 2, 3])
print(x1.dtype)

# 配列を生成（dtypeにfloat64を指定）
x2 = np.array([1, 2, 3], dtype=np.float64)
print(x2.dtype)
```

▼ 実行結果

```
int64
float64
```

ndarrayの各要素に対して関数の計算をしたい

■ ユニバーサル関数

ndarrayはユニバーサル関数と呼ばれる関数を使用すると、数学的な関数計算を全要素に対して行い結果をndarrayで得ることができます。ユニバーサル関数には、組み込みで次ページの表のようなものが用意されています。

以下のサンプルでは区間 [0，10) のX軸の値に対し、関数y = sin(x)のyの値をそれぞれの要素に対して求めています。

■ recipe_260_01.py

```python
import numpy as np
x = np.arange(0, 10)
y = np.sin(x)
print(y)
```

▼ 実行結果

```
[ 0.          0.84147098  0.90929743  0.14112001 -0.7568025
-0.95892427
 -0.2794155   0.6569866   0.98935825  0.41211849]
```

ループなどで要素ごとに計算する必要がないという点が大きなメリットです。また、Matplotlibで関数のグラフを描画するときにもよく使用されます。グラフ描画例については「294　関数のグラフを作成したい」を参照してください。

■ ユニバーサル関数の例

ユニバーサル関数の中から代表的なものをピックアップした一覧を次ページに掲載します。掲載したもの以外に基本的な数学関数の処理が一通り用意されています。ここではすべては紹介しきれないため、他の関数については以下のURLを参照してください。

● NumPy Reference

https://numpy.org/doc/stable/reference/ufuncs.html#available-ufuncs

260

ndarrayの各要素に対して関数の計算をしたい

ユニバーサル関数	演算内容
np.add(x1, x2)	x1の各要素にx2の各要素を足し算
np.subtract(x1, x2)	x1の各要素にx2の各要素を引き算
np.multiply(x1, x2)	x1の各要素にx2の各要素を掛け算
np.divide(x1, x2)	x1の各要素にx2の各要素を割り算
np.mod(x1, x2)	x1の各要素にx2の各要素を割り算した剰余
np.square(x)	xの各要素を2乗
np.sign(x)	xの各要素の符号
np.sqrt(x)	xの各要素の平方根
np.reciprocal(x)	xの各要素の逆数
np.abs(x)	xの各要素の絶対値
np.exp(x)	xの各要素に対しeを底とする指数
np.log(x)	xの各要素の自然対数
np.log2(x)	xの各要素の底が2の対数
np.log10(x)	xの各要素の常用対数
np.sin(x)	xの各要素の正弦
np.cos(x)	xの各要素の余弦
np.tan(x)	xの各要素の正接

261 ベクトルの演算をしたい

演算	意味
ndarray1 + ndarray2	足し算
ndarray1 - ndarray2	引き算
ndarray * c	掛け算 (スカラー積)
ndarray / c	割り算 (スカラー積)
ndarray1 * ndarray2	掛け算 (アダマール積)
ndarray1 / ndarray2	割り算 (アダマール積)
np.dot(ndarray1, ndarray2)	内積
np.cross(ndarray1, ndarray2)	外積

演算子による演算

ndarrayをベクトルとみなした場合の各種演算が定義されています。+-で加減演算、*/でスカラー積やアダマール積を行うことができます。以下のコードは、2つの3次元ベクトル (1, 2, 3)、(4, 5, 6) に対して各種演算を行っています。

■ recipe_261_01.py

```python
import numpy as np

x = np.array([1, 2, 3])
y = np.array([4, 5, 6])

# 加算
val1 = x + y
print(val1)

# 減算
val2 = x - y
print(val2)
```

```
# 掛け算(スカラー積)
val3 = x * 2
print(val3)

# 割り算(スカラー積)
val4 = x / 2
print(val4)

# 掛け算(アダマール積)
val5 = x * y
print(val5)

# 割り算(アダマール積)
val6 = x / y
print(val6)
```

▼ 実行結果

```
[5 7 9]
[-3 -3 -3]
[2 4 6]
[0.5 1.  1.5]
[ 4 10 18]
[0.25 0.4  0.5 ]
```

▬ 内積

np.dotで内積を計算することができます。次ページのコードでは、直交する基底の内積が0になることを確認しています。

■ recipe_261_02.py

```
import numpy as np

e1 = np.array([1, 0, 0])
e2 = np.array([0, 5, 0])

z = np.dot(e1, e2)
print(z)
```

▼ 実行結果

```
0
```

▬ 外積

numpy.crossで、外積 (クロス積) を求めることが可能です。以下のコードでは、2つの直交基底の外積が法線ベクトルになっていることを確認できます。

■ recipe_261_03.py

```
import numpy as np

e1 = np.array([1, 0, 0])
e2 = np.array([0, 1, 0])
e3 = np.cross(e1, e2)
print(e3)
```

▼ 実行結果

```
[0 0 1]
```

262 行列を扱いたい

Syntax

```
np.array(2次元リスト)
```

■ ndarrayと行列

np.arrayの引数に2次元のリストを指定することで、ndarrayで行列を表すことができます。また、print出力するとインデントが整えられて表示されます。以下のコードでは3行3列の行列を生成し、print出力しています。

■ recipe_262_01.py

```
import numpy as np
x = np.array([[11 , 12, 13], [21, 22, 23],◳
[31, 32, 33]])
print(x)
```

▼ 実行結果

```
[[11 12 13]
 [21 22 23]
 [31 32 33]]
```

■ データアクセス

要素を取得

行、列の順で添字を指定すると、行列要素を取得することができます。

■ recipe_262_02.py

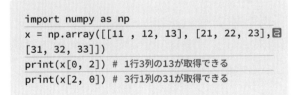

```
import numpy as np
x = np.array([[11 , 12, 13], [21, 22, 23],◳
[31, 32, 33]])
print(x[0, 2]) # 1行3列の13が取得できる
print(x[2, 0]) # 3行1列の31が取得できる
```

▼ 実行結果

```
13
31
```

スライス

行、列の順でスライス構文を使用することができます。以下のコードでは、3×3の行列の2×2の部分行列を取り出しています。

■ recipe_262_03.py

```
import numpy as np
x = np.array([[11 , 12, 13], [21, 22, 23],⏎
[31, 32, 33]])
print(x[0:2, 0:2])
```

▼ 実行結果

```
[[11 12]
 [21 22]]
```

行の抽出

最初の添字だけを指定すると、行を抽出することができます。以下のコードでは3×3の行列の1行目を取得しています。

■ recipe_262_04.py

```
import numpy as np
x = np.array([[11 , 12, 13], [21, 22, 23],⏎
[31, 32, 33]])
print(x[0])
```

▼ 実行結果

```
[11 12 13]
```

列の抽出

スライスが可能ですので、行をすべて(コロン)指定すると2番目の添字で列を抽出することができます。以下のコードでは、3×3の行列の1列目を取得しています。

■ recipe_262_05.py

```
import numpy as np
x = np.array([[11 , 12, 13], [21, 22, 23],⏎
[31, 32, 33]])
print(x[:, 1]) # 0から数えて1番目の列を取得
```

▼ 実行結果

```
[12 22 32]
```

263 代表的な行列を使いたい

関数	戻り値
np.eye(N)	N×Nの単位行列
np.zeros((N, M))	N×Mのゼロ行列
np.tri(N)	N×Nの三角行列
np.ones((N, M))	N×Mの要素がすべて1の行列

代表的な行列の生成

NumPyには単位行列・ゼロ行列・三角行列といった、代表的な行列を生成する関数が用意されています。

単位行列

単位行列の生成にはeyeを使用します。引数にサイズを指定します。以下のコードでは、4×4の単位行列を生成しています。

■ recipe_263_01.py

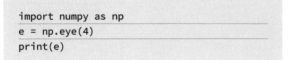

```python
import numpy as np
e = np.eye(4)
print(e)
```

▼ 実行結果

```
[[1. 0. 0. 0.]
 [0. 1. 0. 0.]
 [0. 0. 1. 0.]
 [0. 0. 0. 1.]]
```

ゼロ行列

ゼロ行列の生成にはzerosを使用します。引数に行×列のタプルやリストを指定します。以下のコードでは2×3のゼロ行列を生成しています。

■ recipe_263_02.py

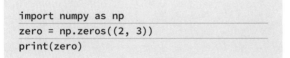

```python
import numpy as np
zero = np.zeros((2, 3))
print(zero)
```

▼ 実行結果

```
[[0. 0. 0.]
 [0. 0. 0.]]
```

三角行列

三角行列の生成にはtriを指定します。やはり引数にサイズを指定します。以下のコードでは4×4の三角行列を生成しています。

■ **recipe_263_03.py**

```
import numpy as np
tr = np.tri(4)
print(tr)
```

▼ 実行結果

```
[[1. 0. 0. 0.]
 [1. 1. 0. 0.]
 [1. 1. 1. 0.]
 [1. 1. 1. 1.]]
```

要素がすべて1の行列

onesを使用すると、要素がすべて1の行列を生成することができます。引数に行×列のタプルやリストを指定します。以下のコードでは3×2の要素がすべて1の行列を生成しています。

■ **recipe_263_04.py**

```
import numpy as np
ones = np.ones((3, 2))
print(ones)
```

▼ 実行結果

```
[[1. 1.]
 [1. 1.]
 [1. 1.]]
```

264 行列の演算をしたい

― 行列の四則演算

ndarrayは、1次元ベクトルと同様に行列でも加減演算やスカラー積、アダマール積が可能です。演算の記述方法は、「261　ベクトルの演算をしたい」を参照してください。

以下のコードでは、3×3の行列に対し和と差を計算しています。

■ recipe_264_01.py

```
import numpy as np

a = np.array([[1, 2, 3], [4, 5, 6], [7, 8, 9]])
b = np.array([[10, 20, 30], [40, 50, 60], [70, 80, 90]])

print(a + b)
print(a - b)
```

▼ 実行結果

```
[[11 22 33]
 [44 55 66]
 [77 88 99]]

[[ -9 -18 -27]
 [-36 -45 -54]
 [-63 -72 -81]]
```

また、np.dotで行列の内積を計算することが可能です。以下のコードでは、3×3の行列同士の内積を計算しています。

■ recipe_264_02.py

```
import numpy as np

a = np.array([[1, 2, 3], [4, 5, 6], [7, 8, 9]])
b = np.array([[1, 2, 3], [1, 2, 3], [1, 2, 3]])
```

```
x = np.dot(a, b)
print(x)
```

▼ 実行結果

```
[[ 6 12 18]
 [15 30 45]
 [24 48 72]]
```

265 行列の基本計算をしたい

Syntax

属性	意味
M.T	転置行列を表すndarray
M.trace()	トレース

関数	戻り値
np.linalg.inv(M)	逆行列を表すndarray
np.linalg.det(M)	行列式
np.linalg.matrix_rank(M)	ランク

※Mは行列形式のndarrayを表します

■ 基本的な線形代数演算

ndarrayには転置、トレースを取得する属性が用意されています。また、各種線形代数演算のためにlinalgというモジュールが用意されており、行列式や逆行列などを求めることもできます。以下のコードでは、2×2の行列の転置、トレース、逆行列、行列式、ランクを求めています。

■ recipe_265_01.py

```python
import numpy as np

a = np.array([[1, 3], [2, -1]])

# 行列表示
print(a)

# 転置
print(a.T)

# トレース
print(a.trace())

# 逆行列
```

```
print(np.linalg.inv(a))

# 行列式
print(np.linalg.det(a))

# ランク
print(np.linalg.matrix_rank(a))
```

▼ 実行結果

```
[[ 1  3]
 [ 2 -1]]
[[ 1  2]
 [ 3 -1]]
0
[[ 0.14285714  0.42857143]
 [ 0.28571429 -0.14285714]]
-7.000000000000001
2
```

266 行列をQR分解したい

Syntax

関数	戻り値
np.linalg.qr(M)	直交行列Qと上三角行列Rのタプル

※M、Q、Rは行列形式のndarrayを表します

■ QR分解

2つの基底ベクトルが張るベクトル空間に対し、np.linalg.qrでQR分解することができます。戻り値として、直交行列Qと上三角行列Rの積に分解された値のタプルが返されます。以下のコードでは、ベクトル(1, 1, 0)、(0, -1, 0)を表す行列aをQR分解しています。

■ recipe_266_01.py

```python
import numpy as np

a = np.array([[1, 1], [1, -1], [0, 0]])

# QR分解
q, r = np.linalg.qr(a)
print(q)
print(r)
```

▼ 実行結果

```
[[-0.70710678 -0.70710678]
 [-0.70710678  0.70710678]
 [-0.          0.         ]]
[[-1.41421356e+00  3.33066907e-16]
 [ 0.00000000e+00 -1.41421356e+00]]
```

267 行列の固有値を求めたい

Syntax

関数	戻り値
`np.linalg.eig(M)`	固有値と固有ベクトルのndarrayのタプル

※Mは行列形式のndarrayを表します

■ 固有値と固有ベクトル

linalg.eigで固有値と固有ベクトルを求めることができます。戻り値は、固有値と固有ベクトルのタプルが返されます。以下のコードでは、3×3の行列の固有値と固有ベクトルを計算しています。

■ recipe_267_01.py

```python
import numpy as np
a = np.array([[2, 1, 1],[1, 2, 1],[1, 1, 2]])
w, v = np.linalg.eig(a)

# 固有値
print(w)

# 固有ベクトル
print(v)
```

▼ 実行結果

```
[1. 4. 1.]
[[-0.81649658  0.57735027 -0.32444284]
 [ 0.40824829  0.57735027 -0.48666426]
 [ 0.40824829  0.57735027  0.81110711]]
```

固有方程式が重解を持つ場合でも、linalg.eigの戻り値は重複した値を返すという点に注意してください。上の行列の固有値方程式は、$(\lambda - 1)^2(\lambda - 4) = 0$で1は重解ですが、wで1が2つ返されています。vでwの添字に対応した固有ベクトルが返されます。

268 連立一次方程式の解を求めたい

Syntax

関数	戻り値
np.linalg.solve(係数行列, 定数行列)	連立方程式の解を表すndarray

連立方程式の解

linalg.solveを利用すると連立一次方程式の解を得ることができます。
例えば、連立方程式

$$\begin{cases} 3x + y = 9 \\ x + 3y = 0 \end{cases}$$

のx、yの係数および定数を行列で表すと、それぞれ以下のようになります。

$$A = \begin{pmatrix} 3 & 1 \\ 1 & 3 \end{pmatrix}$$

$$B = \begin{pmatrix} 9 \\ 0 \end{pmatrix}$$

係数、定数の行列をlinalg.solveの引数に指定します。以下のコードでは上の連立方程式の解を得た後、方程式に当てはめて検算しています。

■ recipe_268_01.py

```python
import numpy as np

# 係数行列
coef = np.array([[3, 1], [1, 3]])

# 定数の行列
dep = np.array( [9, 0])

# 連立方程式の解
ans = np.linalg.solve(coef, dep)
```

```
# 解を出力
print(ans)
```

```
# 検算
c1 = 3 * ans[0] + 1 * ans[1]
c2 = 1 * ans[0] + 3 * ans[1]
print(c1, c2)
```

▼ 実行結果

```
[ 3.375 -1.125]
9.0 0.0
```

正しい解が得られていたことが確認できます。

269　乱数を生成したい

Syntax

関数	戻り値
`np.random.rand(N)`	[0, 1)半開区間の一様分布の乱数N個のndarray
`np.random.normal(loc, scale, N)`	平均loc、標準偏差scaleの正規分布の乱数N個のndarray

■ 乱数の生成

NumPyのrandomモジュールを使用すると、一様分布や正規分布の乱数(らんすう)を生成することができます。

■ recipe_269_01.py

```
import numpy as np
rarray = np.random.rand(5)
for r in rarray:
    print(r)
```

▼ 実行結果

```
0.4387002636086612
0.17067787376499455
0.26568231670555553
0.5865570535002667
0.6778917099428369
```

正規分布の乱数の生成例は「296　ヒストグラムを作成したい」を参照してください。

pandas

Chapter

22

270 pandasを使いたい

Syntax

- pandasのインストール

```
pip install pandas
```

- pandasのインポート

```
import pandas as pd
```

■ pandasとは

pandasとはPythonのデータ分析ライブラリの1つで、表形式のデータや行列を扱うことができます。
ピボットテーブル、GroupBy、ソートなどの集計処理や、Matplotlibと連携した可視化などが可能であるため、表計算ソフトの計算機能の処理を置き換えることができます。

■ pandasのインストールとインポート

pipでインストールすることができます。Anacondaをお使いの場合は、同梱されているためインストール不要です。また、importする際はpdという別名をつけるのが一般的です。

■ pandasの基本用語

pandasの用語の中で重要なものを解説します。

▶ Series

Seriesとはpandasで扱えるデータ形式の一種で、1次元の配列で単一の列からなる表とみなすことができます。

▶ DataFrame

DataFrameとは行と列からなる表形式の配列データで、pandasで処理を行う際の中心となるデータ形式です。Seriesを複数まとめたものと捉えることもできます。

▶ **index**

　SeriesやDataFrameの行データに付与することができるラベルのことを、indexと呼びます。行ラベルと呼称することもあります。indexを使用してSeriesやDataFrameの行データにアクセスすることができます。

▶ **columns**

　DataFrameの列データに付与することができるラベルのことを、columnsと呼びます。列のラベルと呼称することもあります。columnsを使用してDataFrameの列データにアクセスすることができます。

▶ **integer-location**

　DataFrameは行（列）形式なので、番号指定でデータにアクセスすることもできます。このアクセス方法をinteger-locationと呼びます。

Chap 22

pandas

271

Seriesを生成したい

Syntax

```
pd.Series(データ配列, index=インデックスのリスト)
```

DataFrameとSeries

DataFrameは、pandasで表形式のデータを処理する際の中核となるデータ形式です。Seriesはシーケンスにindexと呼ばれるラベルをつけることができ、1つの列や小さいデータの塊を表現する際に使用されます。DataFrameはSeriesを列とした集まりとみなすことができます。

リストからSeriesを生成する

Seriesはリストなどのシーケンスから生成することが可能です。

■ recipe_271_01.py

```
import pandas as pd
s = pd.Series([10, 20, 30], index=["a", "b", 🔁
"c"])
print(s)
```

▼ 実行結果

```
a    10
b    20
c    30
dtype: int64
```

printでSeriesを出力すると、indexをつけられたシーケンスが出力されます。左側のa、b、cがindexと呼ばれる行の名前です。indexの指定を省略することも可能で、その場合は0始まりの整数が付与されます。

pandasの型

pandasのSeriesや「273 DataFrameを生成したい」にて説明するDataFrameは、数値以外にさまざまなデータを扱うことが可能で、Numpyおよびpandasの型、Pythonのオブジェクト等を指定することができます。よく使用される入門的なものとして、右表のものが挙げられます。

型	意味
bool	真理値
np.int64	64bit整数（intと同等）
np.float64	64bit浮動小数点数（floatと同等）
pd.StringDtype()	pandasの文字列
object	Pythonのオブジェクト

Series生成時に型の指定を省略すると自動で型が決められますが、明示的に型を指定したい場合はdtypeで指定します。また、Series.dtypeでSeriesの型を確認することができます。以下のコードは、dtypeの指定なしの場合とありの場合でそれぞれSeriesを生成し、型を確認しています。

■ recipe_271_02.py

▼ 実行結果

```python
import pandas as pd
import numpy as np

s1 = pd.Series([10, 20, 30], index=["a", "b", "c"])
print(s1.dtype)

s2 = pd.Series([10, 20, 30], index=["a", "b", "c"],🔁
dtype=np.float64)
print(s2.dtype)
```

```
int64
float64
```

文字列を格納したい場合は、pd.StringDtype()かstrを指定します。なお、strを指定した場合のdtypeはobjectとなります。

■ recipe_271_03.py

▼ 実行結果

```python
import pandas as pd

s1 = pd.Series([10, 20, 30], index=["a", "b", "c"],🔁
dtype=pd.StringDtype())
print(s1.dtype)

s2 = pd.Series([10, 20, 30], index=["a", "b", "c"],🔁
dtype=str)
print(s2.dtype)
```

```
string
object
```

272 Seriesのデータにアクセスしたい

Syntax

```
s["インデックス"]
s.インデックス
```

インデックス指定による参照

Seriesのindexを指定して要素を取得することができます。[]を使用した添字で指定する方法と、"."で指定する方法の2種類あります。

■ recipe_272_01.py

```
import pandas as pd
s = pd.Series([1, 2, 3, 4], index=['a', 'b', 'c', 'd'])
print(s["a"])
print(s.b)
```

▼ 実行結果

```
1
2
```

インデックス指定による更新

インデックスを指定し代入すると、Seriesを更新することが可能です。

■ recipe_272_02.py

```
# 前のコードの続き
s["c"] = 100
s.d = 200
print(s)
```

▼ 実行結果

```
a    1
b    2
c    100
d    200
dtype: int64
```

273 DataFrameを生成したい

● リストから生成

```
pd.DataFrame(2次元データ配列, columns=columリスト, index=indexリスト)
```

● 辞書から生成

```
data = {column1 : データ配列1, column2 : データ配列2, ……}
pd.DataFrame(data, index=indexリスト)
```

■ DataFrameの生成

pandasで処理を行う際、DataFrameと呼ばれるデータ形式にして処理を行います。DataFrameは表形式で、内容となるデータ以外にindex、columnsというラベルを持ちます。通常、CSV、TSV、JSON等のテキストファイルや、MySQL、PostgreSQLのようなデータベースからデータを取得してDataFrameを生成しますが、ここではPythonコード上でリストや辞書から生成する方法について解説します。その他の方法は次項以降を参照してください。

リストから生成する

以下のサンプルでは2×3のDataFrameを生成しています。引数に2次元リストとindex、columnsを指定します。indexを省略した場合は、0始まりの連番がindexとなります。

■ recipe_273_01.py

```
import pandas as pd
df = pd.DataFrame([[1, 10], [2, 20], [3, 30]],
columns=['col1', 'col2'], index=[0, 1, 2])
print(df)
```

▼ 実行結果

	col1	col2
0	1	10
1	2	20
2	3	30

表形式のデータが出力されます。出力結果の最上段がcolumns、出力結果の最左列がindexです。

辞書から生成する

以下のサンプルは、リストのときと同様のデータを辞書から生成しています。こちらもやはり、indexを省略した場合は0始まりの連番がindexとなります。

■ recipe_273_02.py

```python
import pandas as pd
data = {'col1' : [1, 2, 3], 'col2' : [10, 20, 30]}
df = pd.DataFrame(data, index=[0, 1, 2])
print(df)
```

▼ 実行結果

```
   col1  col2
0     1    10
1     2    20
2     3    30
```

― DataFrameの型

DataFrameの生成後に列ごとに型を指定したい場合は、astypeメソッドで型を指定することが可能です。また、DataFrameの型は.dtypesで確認することができます。以下のコードは、先ほどのDataFrameに対しcol1をfloat64、col2をStringDtypeに変換し、型を確認しています。

■ recipe_273_03.py

```python
# 前のコードの続き
import numpy as np
df2 = df.astype({'col1': np.float64, 'col2': pd.StringDtype()})
print(df2.dtypes)
```

▼ 実行結果

```
col1    float64
col2     string
dtype: object
```

274 pandasでCSVファイルに対して入出力したい

Syntax

● CSV/TSVファイルの読み込み

関数	戻り値
pd.read_csv(ファイルパス)	指定したCSVファイルを読み込みDataFrameにして返す

▶ オプションパラメータ

パラメータ	意味
sep	区切り文字、デフォルトはカンマ
header	ヘッダ行番号(デフォルト0)、ヘッダなしの場合はNoneを指定
dtype	列ごとの型を辞書で指定

● CSV/TSVファイルへの書き出し

メソッド	処理
df.to_csv(ファイルパス)	DataFrameの内容をファイルに書き出す

▶ オプションパラメータ

パラメータ	意味
sep	区切り文字、デフォルトはカンマ
index	indexの出力要否をbool型で指定
index_label	indexを出力する場合のカラム名

━ CSVファイルの読み込み

pandasにはCSVデータを読み込み、DataFrameに変換する機能が用意されています。Python の標準ライブラリにもCSVパーサがありますが、pandasを使用したほうがより簡単で、さまざまな操作が可能なのでおすすめです。以下のコードでは、カレントディレクトリのdata.csvを読み込んでいます。

■ recipe_274_01.py

```python
df = pd.read_csv('data.csv')
```

Chap 22 pandas

オプションパラメータで、区切り文字やヘッダの指定が可能です。ヘッダなしTSV（ティーエスブイ）ファイルを読み込む場合、以下のようになります。

```
df = pd.read_csv('data.tsv', sep='\t', header=None)
```

また、dtypeで明示的に型を指定することができます。列col1をfloat64、列col2をint64として扱いたい場合は以下のようになります。

```
import numpy as np
df = pd.read_csv('data.tsv', sep='\t', dtype={'col1': np.float64,
'col2': np.int64})
```

■ CSVファイルへの出力

DataFrameをCSV、TSVで出力することも可能ですです。to_csvメソッドでファイル名、区切り文字、indexの要否を設定します。以下のサンプルでは、DataFrameをCSV形式でindexを出力、TSV形式でindexを出力し、なおかつindexの列名をcol0と設定して出力しています。

```
# CSV形式でindexを出力しない場合
df.to_csv('output.csv', index=False)

# TSV形式でindexを出力し、なおかつindexの列名をcol0と設定する場合
df.to_csv('output.tsv', sep='\t', index=True, index_label='col0')
```

275 pandasでデータベースに対して読み書きしたい

● データベース読み込み

関数	戻り値
psql.read_sql("SELECT SQL", コネクション)	SELECT結果をDataFrameに変換して返す

▶ オプションパラメータ

パラメータ	意味
index_col	DataFrameのindexにするカラム

● データベースへの書き込み

メソッド	処理
df.to_sql("テーブル名", コネクション)	DataFrameの内容をDBに格納

▶ オプションパラメータ

パラメータ	意味
index	DataFrameのindexの登録要否
index_label	indexを挿入する場合のカラム名
if_exists	挿入データがすでに存在していた場合の挙動を指定。failで例外発生、appendで追加、replaceでinsert前にテーブルをDrop

※dfはDataFrameオブジェクトを指します

■ データベースからDataFrameを生成

pandas.io.sql.read_sqlを使用すると、SELECT文の結果をDataFrameに格納することが可能です。次ページのサンプルは、bodyテーブルをメモリ上のsqlite3に作成し、レコードを4件挿入後、SELECT文の結果をDataFrameに格納しています。read_sqlの引数にSQL文とコネクション、indexに設定するカラムを設定します。

■ recipe_275_01.py

```python
import sqlite3
import pandas as pd
import pandas.io.sql as psql

# sqlite3に接続
with sqlite3.connect(':memory:') as conn:
    cur = conn.cursor()

    # サンプルテーブルを作成
    cur.execute('CREATE TABLE body (id int, height float, weight 🔁
float)')

    # サンプルデータを挿入
    cur.execute('insert into body  values (1, 165, 56)')
    cur.execute('insert into body  values (2, 177, 67)')
    cur.execute('insert into body  values (3, 168, 59)')
    cur.execute('insert into body  values (4, 171, 65)')

    # SELECT文からDataFrameを作成
    df = psql.read_sql("SELECT id, height, weight FROM body;", 🔁
conn, index_col="id")

    print(df)
```

▼ 実行結果

```
    height  weight
id
1   165.0   56.0
2   177.0   67.0
3   168.0   59.0
4   171.0   65.0
```

■ DataFrameからデータベースにINSERT

to_sqlでDataFrameの内容をデータベースに格納することも可能です。前ページのサンプルは前記のコードの続きで、データを1行追加して更新しています。その後、再度sqlでDataFrameを取得して内容を確認しています。

■ recipe_275_02.py

```
data = {'height' : [172], 'weight' : 🔁
[71]}
df2 = pd.DataFrame(data, index=[5])
df2.to_sql('body', conn, if_          🔁
exists='append', index="id")
df3 = psql.read_sql("SELECT id, height,🔁
weight FROM body;", conn, index_col="id")
print(df3)
```

▼ 実行結果

	height	weight
id		
1	165.0	56.0
2	177.0	67.0
3	168.0	59.0
4	171.0	65.0
5	172.0	71.0

データが更新されていることが確認できます。

■ SQLite 3以外のデータベース

コネクションを変えればSQLite 3以外のデータベースも利用可能ですが、データベースの種類に応じた接続ライブラリに加え、SQLAlchemyというサードパーティライブラリを使用する必要があります。なお、SQLAlchemyは、右のpipコマンドでインストールすることができます。

```
pip install SQLAlchemy
```

以下のコードでは、MySQLに対してデータの挿入を行っています。

```
import pandas as pd
import pandas.io.sql as psql
from sqlalchemy import create_engine

engine = create_engine('mysql://user:password@host:port/schema')
with engine.begin() as con:
    df.to_sql('table_name', con=con, if_exists='append',  🔁
index=False)
```

276 pandasでクリップボードの データを読み込みたい

Syntax

● クリップボードからの読み込み

関数	戻り値
pd.read_clipboard()	クリップボードの内容を読み込みDataFrameにして返す

▸ オプションパラメータ

パラメータ	意味
sep	区切り文字、デフォルトは空白 (s+)

● クリップボードへの出力

メソッド	処理
df.to_clipboard()	DataFrameの内容をクリップボードに書き出す

▸ オプションパラメータ

パラメータ	意味
sep	区切り文字、デフォルトはタブ

※dfはDataFrameオブジェクトを指します

クリップボードとの連携

インタラクティブな分析作業をする際、すべてファイルで入出力すると面倒な上、不要なファイルが溜まりがちですが、pandasはクリップボードでも入出力できるのでこういった面倒を回避することができます。

なお、Linuxの場合は、クリップボード操作系のライブラリxclipもしくはxselが必要となります。例えばDebian系の場合は以下のインストールが必要となります。

```
sudo apt-get install xsel
```

クリップボードからの読み込み

read_clipboardで、クリップボードの内容をDataFrameに変換することが可能です。スプレッドシートなどで適当なTSVがクリップボードにコピーされているものとします。PythonのインタラクティブモードやIPythonを起動した状態で次ページのコマンドを実行すると、クリップボードの内容がDataFrameに格納されます。sepで区切り文字を指定します。

```
df = pd.read_clipboard(sep='\t')
```

クリップボードへの出力

to_clipboardで、DataFrameの内容をクリップボードに書き込むことができます。

■ **recipe_276_01.py**

```
import pandas as pd
data = {'height' : [161, 168, 173, 169, 188], 'weight' : [55, 63, ⏎
78, 59, 68]}
df = pd.DataFrame(data)
df.to_clipboard()
```

以下のTSVテキストがクリップボードにコピーされます。

```
     height  weight
0    161     55
1    168     63
2    173     78
3    169     59
4    188     68
```

277 DataFrameから基本統計量を求めたい

Syntax

メソッド	戻り値
df.count()	データ件数
df.mean()	平均
df.std()	標準偏差
df.max()	最大値
df.min()	最小値
df.var()	分散
df.sample()	ランダムサンプリング
df.describe()	一括取得

※dfはDataFrameオブジェクトを指します

基本統計量の算出

DataFrameから各種基本統計量を求めることができます。以下のサンプルでは、ある5人の身長、体重を設定したデータの平均を列ごとに算出しています。なお、戻り値はSeries形式となるため、"."でデータを参照することができます。

■ recipe_277_01.py

```python
import pandas as pd
data = {'height' : [161, 168, 173, 169, 188], 'weight' : [55, 63,
78, 59, 68]}
df = pd.DataFrame(data)

# 平均値の算出
m = df.mean()

print(m)
```

```
# 各列の平均の参照
print(m.height)
print(m.weight)
```

▼ 実行結果

```
height    171.8
weight     64.6
dtype: float64
171.8
64.6
```

また、df.describe()で基本統計量を一括で取得することも可能です。

■ recipe_277_02.py

```
# 前のコードの続き
ds = df.describe()
print(ds)
```

▼ 実行結果

```
         height     weight
count   5.000000   5.000000
mean  171.800000  64.600000
std    10.034939   8.905055
min   161.000000  55.000000
25%   168.000000  59.000000
50%   169.000000  63.000000
75%   173.000000  68.000000
max   188.000000  78.000000
```

278 DataFrameの列データを取得したい

```
df["カラム名"]
df.カラム名
```

※dfはDataFrameオブジェクトを指します

■ カラム名の指定

DataFrameはカラムとインデックスから構成されます。カラムを指定すると、列データをSeriesとして取得することが可能です。[]や"."でカラムを指定します。

■ recipe_278_01.py

```python
import pandas as pd
name = ["Yamada", "Suzuki",
"Sato", "Tanaka", "Watanabe"]
data = {'height' : [161, 168,
173, 169, 188], 'weight' : [55,
63, 78, 59, 68]}
df = pd.DataFrame(data,
index=name)

# height列を[]で取得する
height = df["height"]
print(height)

# weight列を.で取得する
weight = df.weight
print(weight)
```

▼ 実行結果

```
Yamada       161
Suzuki       168
Sato         173
Tanaka       169
Watanabe     188
Name: height, dtype: int64

Yamada       55
Suzuki       63
Sato         78
Tanaka       59
Watanabe     68
Name: weight, dtype: int64
```

Seriesで取得できるため、そこからindexを指定すると個別の値を取得することが可能です。例えばindex=Suzukiのデータの体重を取得する場合、次ページのように記述します。

```
# 前のコードの続き
print(df.weight.Suzuki)
```

▼ 実行結果

```
63
```

━ 列データの更新

また、Seriesを代入するとその値で更新することが可能です。ただし、indexがDataFrameと一致している必要があります。

■ recipe_278_03.py

```
# 前のコードの続き
s = [171, 178, 183, 179, 198]
df["height"] = pd.Series(s, index=name)
print(df)
```

▼ 実行結果

	height	weight
Yamada	171	55
Suzuki	178	63
Sato	183	78
Tanaka	179	59
Watanabe	198	68

279

DataFrameの行データを取得したい

Syntax

メソッド	戻り値
`df.loc[index名]`	indexで指定した行のSeries
`df.iloc[index番号]`	integer-locationで指定した行のSeries

■ loc、ilocによる行の取得

loc、ilocで行データをSeries形式で取得することができます。locはラベル名、つまりindexを指定し、ilocはinteger-location、つまり位置を表す整数でアクセスします。

以下のコードでは、indexに名前が使用されたDataFrameのデータをloc、ilocで行にアクセスしています。

■ recipe_279_01.py

```python
import pandas as pd
name = ["Yamada", "Suzuki",
"Sato", "Tanaka", "Watanabe"]
data = {'height' : [161, 168,
173, 169, 188], 'weight' : [55,
63, 78, 59, 68]}
df = pd.DataFrame(data,
index=name)
print(df)

# locでindex="Sato"のデータを取得する
sato = df.loc["Sato"]
print(sato)

# ilocでindex=3のデータを取得する
tanaka = df.iloc[3]
print(tanaka)
```

▼ 実行結果

```
          height  weight
Yamada       161      55
Suzuki       168      63
Sato         173      78
Tanaka       169      59
Watanabe     188      68

height    173
weight     78
Name: Sato, dtype: int64

height    169
weight     59
Name: Tanaka, dtype: int64
```

Seriesで取得できるため、そこからindexを指定すると個別の値を取得することが可能です。上の続きでsatoのweightを取得する場合、次ページのように記述します。

■ recipe_279_02.py

```
# 前のコードの続き
print(sato.weight)
```

▼ 実行結果

```
78
```

━ 行データの更新

また、[]の参照にSeriesを代入するとその値で更新することが可能です。

■ recipe_279_03.py

```
# 前のコードの続き
mod_yamada =  pd.Series([171, 66], index=["height", "weight"])
df.loc["Yamada"] = mod_yamada
print(df)
```

▼ 実行結果

```
          height   weight
Yamada       171       66
Suzuki       168       63
Sato         173       78
Tanaka       169       59
Watanabe     188       68
```

## 280

DataFrameの行・列を指定してデータを取得したい

Syntax

メソッド	戻り値
df.at[index, カラム名]	indexとカラム名で指定した要素の値
df.iat[indexの番号, カラムの番号]	integer-locationで指定した要素の値

— at、iatで行、列を指定して値を取得

at、iatで行、列を指定して値を取得することができます。

at

atはラベル名でアクセスします。行、列の順で添字に指定します。例えば、indexがaの行でカラムがcol1のデータを取得する場合、以下のように記述します。

```
df.at['a', 'col1']
```

iat

atと使用方法はほとんど同じです。integer-location形式で指定します。例えば0から数えて1行1列目の要素を取得する場合、以下のように記述します。

```
df.iat[1, 1]
```

以下のサンプルでは身長、体重のDataFrameに対し、at、iatを使用して特定の人の体重、身長を取得しています。

■ recipe_280_01.py

```
import pandas as pd
name = ["Yamada", "Suzuki", "Sato", "Tanaka", "Watanabe"]
data = {'height' : [161, 168, 173, 169, 188], 'weight' : [55, 63, 🔁
78, 59, 68]}
df = pd.DataFrame(data, index=name)
```

```
# at
sato_weight = df.at['Sato', 'weight']
print(sato_weight)

# iat
tanaka_height = df.iat[3, 1]
print(tanaka_height)
```

```
78
59
```

行・列を指定したデータ更新

また、[]の参照に値を代入すると更新することが可能です。

■ recipe_280_02.py

```
import pandas as pd
name = ["Yamada", "Suzuki", "Sato", "Tanaka", "Watanabe"]
data = {'height' : [161, 168, 173, 169, 188], 'weight' : [55, 63,
78, 59, 68]}
df = pd.DataFrame(data, index=name)

# atによる更新
df.at['Sato', 'weight'] = 77
print(df)
```

▼ 実行結果

```
          height  weight
Yamada       161      55
Suzuki       168      63
Sato         173      77
Tanaka       169      59
Watanabe     188      68
```

Chap 22

pandas

281 DataFrameの演算をしたい

演算子	意味
+	足し算
−	引き算
*	掛け算
/	割り算

DataFrame同士の演算

DataFrame同士は、カラムが一致している場合は各要素同士に対して四則演算をすることができます。以下のサンプルでは、2回分のテストの成績が収められたDataFrameがそれぞれあり、その合計を算出しています。

■ recipe_281_01.py

```python
import pandas as pd
name = ["Yamada", "Suzuki", "Sato", "Tanaka", "Watanabe"]
score1 = {'kokugo' : [55, 81, 73, 63, 88], 'sansu' : [95, 80, 99,
79, 77]}
score2 = {'kokugo' : [65, 74, 75, 59, 58], 'sansu' : [97, 69, 72,
83, 66]}
df1 = pd.DataFrame(score1, index=name)
df2 = pd.DataFrame(score2, index=name)

sum_df = df1 + df2
print(sum_df)
```

▼ 実行結果

```
           kokugo   sansu
Yamada        120     192
Suzuki        155     149
Sato          148     171
Tanaka        122     162
Watanabe      146     143
```

282 DataFrameで欠損値を扱いたい

Syntax

- NaNの判定

構文	意味
`pd.isnull(df).any()`	欠損値があればTrue

- 欠損値列の除去

メソッド	戻り値
`df.dropna()`	欠損値を除去したDataFrame

※dfはDataFrameオブジェクトを指します

― DataFrameの欠損値

業務データには、オペレーターの入力ミスや一時的な通信障害などで欠損値が発生していることがあり、DataFrameで扱う際こういった欠損値の扱いが問題になりますが、pandasには欠損値の判定方法やクレンジング方法が用意されています。なお、CSVなどで読み取ったDataFrameの欠損値は、NumPyのnanという値になります。

― 欠損値の判定

pandasのisnullメソッドを使用すると、SeriesやDataFrameに対し、欠損値かどうかを判定したbool型のSeries/DataFrameを取得することができます。また、さらにその結果のDataFrameに対しany()を使用すると、1つでも欠損値がある場合、Trueを得ることができます。以下のコードでは身長と体重のDataFrameに対し、身長の列に欠損値が存在していることが確認できます。

■ recipe_282_01.py

```python
import pandas as pd
data = {'height' : [161, None, 173, 169, 188], 'weight' : [55, 63,
78, 59, 68]}
df = pd.DataFrame(data)
print(pd.isnull(df.height).any())
print(pd.isnull(df.weight).any())
```

▼ 実行結果

```
True
False
```

欠損値の除去

dropnaメソッドを使用すると、SeriesやDataFrameの欠損行を除去することができます。以下のコードでは、先ほどのコードのDataFrameで欠損値除去を行っています。

■ recipe_282_02.py

```
height_series = df.height

# heightの列を取得し、欠損値を除去する
new_height_series = height_series.dropna()
print(new_height_series)

# DataFrameの欠損値がある行を除去する
new_df = df.dropna()
print(new_df)
```

▼ 実行結果

```
0    161.0
2    173.0
3    169.0
4    188.0

Name: height, dtype: float64
   height  weight
0   161.0      55
2   173.0      78
3   169.0      59
4   188.0      68
```

283

DataFrameの値を置換したい

Syntax	
メソッド	**戻り値**
`df.replace(置換前, 置換後)`	置換したDataFrame

※dfはDataFrameオブジェクトを指します

■ 値の置換

業務データは、ものによっては誤記や入力時のエラーなどで、何度か置換をしてクレンジングする場合があります。pandasのDataFrameにはreplaceというメソッドがあり、これで置換処理を行うことができます。

基本的な置換

例えば、OrangeがOrangggとなっているデータがあった場合、以下のように置換して修正することができます。

■ recipe_283_01.py

```python
import pandas as pd
data = {'name' : ['Apple', 'Oranggg', 'Banana'], 'price' : [110, 
120, 130]}
df = pd.DataFrame(data)
df2 = df.replace('Oranggg', 'Orange')
print(df2)
```

▼ 実行結果

```
     name  price
0   Apple    110
1  Orange    120
2  Banana    130
```

正規表現による置換

引数にregex=Trueを指定することで、正規表現を使用することもできます。上のサンプルの置換を次ページのように書くこともできます。

Chap **22**

pandas

```python
df2 = df.replace('.*ggg.*', 'Orange', regex=True)
```

欠損値のゼロ埋め

データクレンジングでよく使うのが欠損値の置換ですが、以下のコードではNaNを0で埋めています。

■ recipe_283_02.py

```python
import pandas as pd
import numpy as np
data = {'name' : ['Apple', 'Orange', 'Banana'], 'stock' : [15,
None, 20]}
df = pd.DataFrame(data)
df2 = df.replace(np.NaN, 0)
print(df2)
```

▼ 実行結果

```
     name  stock
0   Apple   15.0
1  Orange    0.0
2  Banana   20.0
```

284 DataFrameを フィルタリングしたい

Syntax

```
df[フィルタリング条件]
```

※dfはDataFrameオブジェクトを指します

■ bool型シーケンスによるデータ抽出

pandasのフィルタリングは、一見多くのバリエーションがあり難しく感じるのですが、bool型シーケンスによる抽出が理解できると、他のフィルタリングもすんなり理解できるかと思います。

まず、DataFrameに対して[]内にindexと同じサイズのbool型のシーケンスを指定すると、Trueとなるものだけ抽出することができます。以下のコードでは、2列4行のDataFrameからindexが偶数つまり0、2の行だけ抽出しています。シーケンスはpandasのシーケンスでも構いませんし、listやtupleでも構いません。

■ recipe_284_01.py

▼ 実行結果

```
import pandas as pd
data = {'A' : [1, 2, 3, 4], 'B' : [10, 20, 30, 40]}
df = pd.DataFrame(data)

condition = [True, False, True, False]
print(df[condition])
```

	A	B
0	1	10
2	3	30

DataFrameに対し、indexと同じサイズ、つまり行数と同じ要素数のbool型の条件リストを、dfの添字に指定しています。条件リストの0番目と2番目にTrueが設定されていますが、フィルター結果も同様に0番目と2番目に絞られていることが確認できます。

■ DataFrameの比較演算とbool型シーケンスの生成

当然、このbool型のシーケンスを、上のサンプルのようにわざわざ手打ちで作ることは通常ありません。DataFrameに対して比較演算をすることで、条件に合致するbool型のシーケンス（Series）を取得することができます。例えば、indexが偶数の列を表すシーケンスを取得したい場合は、次ページのように記述します。

■ recipe_284_02.py

```python
# 前のコードの続き
new_condition = (df.index % 2 == 0)
print(new_condition)
```

▼ 実行結果

```
[ True False  True False]
```

この演算を利用すると、最初のサンプルは以下のように書き換えることができます。

```python
import pandas as pd
data = {'A' : [1, 2, 3, 4], 'B' : [10, 20, 30, 40]}
df = pd.DataFrame(data)
condition = (df.index % 2 == 0)
df[condition]
```

さらに以下のように1行で記述することも可能です。

```python
df[df.index % 2 == 0]
```

━ さまざまなフィルタリングの例

完全一致

以下は、特定列で条件に完全一致するものを抽出する場合のサンプルです。DataFrameの列Aの値が3のものを抽出しています。

```python
condition = (df.A==3)
df[condition]
```

大小比較

以下は、特定列で条件より大きいものを抽出する場合のサンプルです。DataFrameの列Bの値が10より大きいものを抽出しています。

```
condition = (10 < df.B)
df[condition]
```

[]を連ねると範囲指定することも可能です。以下は、DataFrameの列Bの値が10より大きく40より小さいものを抽出しています。

```
condition1 = (10 < df.B)
condition2 = (df.B < 40)
df[condition1][condition2]
```

正規表現

Series.str.containsで正規表現を指定することが可能です。以下のコードでは、正規表現「Apple.*」と合致する行を抽出しています。

■ recipe_284_03.py

```
import pandas as pd
data = {'Food' : ["Apple cake", "Orange juice", "Apple pie",
"Strawberry cake"], 'score' : [80, 72, 90, 78]}
df = pd.DataFrame(data)

condition = df.Food.str.contains('Apple.*')
print(df[condition])
```

▼ 実行結果

```
      Food  score
0  Apple cake     80
2   Apple pie     90
```

285 DataFrameをGroupByで集計したい

Syntax

メソッド	戻り値
df.groupby([カラム]).min()	最小値
df.groupby([カラム]).max()	最大値
df.groupby([カラム]).sum()	合計値
df.groupby([カラム]).mean()	平均値
df.groupby([カラム]).var()	分散
df.groupby([カラム]).std()	標準偏差

※dfはDataFrameオブジェクトを指します

■ GroupBy集計

DataFrameのgroupbyメソッドを使用すると、DataFrameGroupByというオブジェクトを得ることができ、ここからさらにメソッドを使用して、最大最小平均等の各種統計値をGroupByで集計することができます。以下のコードでは、学年、身長、体重のDataFrameに対して学年ごとの身長、体重の平均を算出しています。

■ recipe_285_01.py

```python
import pandas as pd

grade = [1, 2, 1, 3, 2, 3]
height = [161, 168, 173, 169, 188, 169]
weight = [55, 63, 78, 59, 68, 59]
data = {'grade' : grade, 'height' : height, 'weight' : weight}
df = pd.DataFrame(data)

# 学年ごとの身長・体重の平均
m = df.groupby("grade").mean()
print(m)
```

▼ 実行結果

```
        height   weight
grade
1       167.0    66.5
2       178.0    65.5
3       169.0    59.0
```

　また、複数でgroupbyしたい場合はリストで設定することも可能です。例えば、先ほどのDataFrameに新しいカラム「学校:school」が追加されたと仮定し、学校と学年で集計したい場合は以下のようになります。

```
df.groupby(["school", "grade"]).mean()
```

286 DataFrameをソートしたい

Syntax

メソッド	戻り値
df.sort_values(カラムリスト, ascending=boolリスト)	指定条件でソートした DataFrameを返す

※dfはDataFrameオブジェクトを指します

━ DataFrameのソート

sort_valuesメソッドを使用すると、DataFrameをソートすることができます。第1引数にソート対象のカラムリスト、ascendingで昇順（True）／降順（False）を指定します。以下のサンプルでは何人かの生徒の身長、体重のDataFrameに対し、学年の昇順、体重の降順、身長の降順にソートをしています。

■ recipe_286_01.py

```python
import pandas as pd
grade = [1, 2, 1, 3, 2, 3]
height = [161, 168, 173, 169, 188, 169]
weight = [55, 63, 78, 59, 68, 59]
data = {'grade' : grade, 'height' : height, 'weight' : weight}
df = pd.DataFrame(data)

df2 = df.sort_values(['grade', 'weight', 'height'],
ascending=[True, False, False])
print(df2)
```

▼ 実行結果

	grade	height	weight
2	1	173	78
0	1	161	55
4	2	188	68
1	2	168	63
3	3	169	59
5	3	169	59

287 DataFrameから ピボットテーブルを作成したい

Syntax

メソッド

```
df.pivot_table(index=[集計縦行のカラム], columns=[集計横列のカラム], ⏎
values='集計値', fill_value=欠損値の代替値, aggfunc=集計関数)
```

戻り値

指定した条件で集計したピボットテーブルのDataFrameを返す

パラメータ	意味
index	縦軸の集計項目を指定。複数指定可
columns	横軸の集計項目を指定。複数指定可
values	集計対象の値の項目を指定
fill_value	欠損値を何で埋めるのかを指定
aggfunc	シーケンスに対して集計処理を行うラムダ式か関数を指定

※dfはDataFrameオブジェクトを指します

■ ピボットテーブル

df.pivot_tableを使用すると、ピボットテーブルで合計や平均等でクロス集計の結果、DataFrame を得ることができます。また、集計方法を指定する際にラムダ式もしくは関数オブジェクトを使用すると、複雑な計算が可能です。

以下のサンプルでは学校、学年、身長、体重が格納されたDataFrameに対し、学校（A校、B校）、学年（1年生、2年生）の平均をクロス集計しています。なお、numpy.averageはリスト等のシーケンスの平均を求めるnumpyの関数です。

■ recipe_287_01.py

```python
import pandas as pd
import numpy as np

school = ["A", "A", "A", "A", "B", "B", "B", "B", "B"]
grade = [1, 2, 2, 1, 2, 1, 1, 2, 2]
height = [161, 178, 173, 169, 188, 179, 170, 169, 171]
```

Chap.22 pandas

```
weight = [55, 63, 78, 59, 68, 59, 65, 55, 77]
data = {'school' : school, 'grade' : grade, 'height' : height,
'weight' : weight}
df = pd.DataFrame(data)

df2 = df.pivot_table(index=['school'], columns=['grade'],
values='height', fill_value=0, aggfunc=np.average)
print(df2)
```

▼ 実行結果

```
grade      1      2
school
A        165.0  175.5
B        174.5  176.0
```

Matplotlib

288 Matplotlibを使いたい

Syntax

● インストール

```
pip install matplotlib
```

Matplotlibとは

Matplotlib<small>マットプロットリブ</small>とはPythonのプロットライブラリの1つで、散布図、ヒストグラム、棒グラフなどをPythonコードで生成することができます。pipでインストールできますが、Anacondaにはあらかじめインストールされているためインストール不要です。

Matplotlibの2つの書き方

Matplotlibを使用する前に注意すべき点として、書き方が2種類あるという点が挙げられます。もともとMatplotlibは、MathWorks社が開発している数値解析ソフトウェア有償ソフト、MATLAB<small>マトラボ</small>のグラフィックコマンドをエミュレートしていたのですが、時代が下るに従いPythonのオブジェクト指向のインターフェースが拡充されるようになりました。

こういった経緯のため、現在MatplotlibにはMATLAB形式の書き方と、オブジェクト指向形式のインターフェースを利用した書き方（以降、本書ではOO形式と記述します）の2つがあります。

MATLAB形式の書き方は関数呼び出しだけで簡潔に書けるのですが、操作対象となるオブジェクトが不明確なので、少しカスタマイズしようとしたとたんに難しくなることがあります。執筆時点の2020年ではOO形式の書き方が推奨されているため、本書でもOO形式で解説します。

MATLAB形式とOO形式

比較のため、散布図で3点プロットするコードをOO形式とMATLAB形式の2通り掲載します。

■ recipe_288_01.py（OO形式）

```
import matplotlib.pyplot as plt

# プロットする点
X = [1, 2, 3]
Y = [1, 1, 1]

# figureオブジェクトを生成する
```

■ recipe_288_02.py（MATLAB形式）

```
from matplotlib import pyplot

# プロットする点
X = [1, 2, 3]
Y = [1, 1, 1]

# 関数を呼び出してプロット
```

```
fig = plt.figure()

# axesオブジェクトをfigureオブジェ⮐
クトに設定する
ax = fig.add_subplot(1, 1, 1)

# axesオブジェクトに対して散布図を設⮐
定する
ax.scatter(X, Y, color='b', ⮐
label='test_data')

# axesオブジェクトに対して凡例設定
ax.legend(["test1"])

# axesオブジェクトに対してタイトルを⮐
設定
ax.set_title("sample1")

# 表示する
plt.show()
```

```
pyplot.scatter(X, Y, c='b', ⮐
label='test_data')

# 関数を呼び出して凡例設定
pyplot.legend(['test1'])

# 関数を呼び出してタイトルを設定
pyplot.title("sample1")

# 表示
pyplot.show()
```

▼ 実行結果

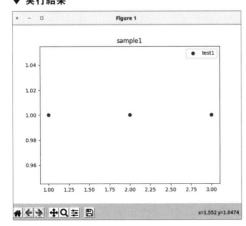

289 Matplotlibの基本的な 使い方が知りたい

- pyplotのImport

```
import matplotlib.pyplot as plt
```

- figureの生成

```
plt.figure()
```

- figureをN×Mに分割してn番目にaxesを追加

```
fig.add_subplot(N, M, n)
```

figureとaxes

Matplotlibでグラフ等の可視化をする際、pyplotモジュールの以下2つの構成要素が基本となります。

▶ figure
▶ axes

この2つがグラフ描画の土台となります。

figure

figureとは、公式の解説では「The top level container for all the plot elements.（すべてのプロット要素の最上位コンテナ）」と書かれていますが、最初のうちはウィンドウのことだと考えて差し支えないでしょう。グラフを画像として保存する場合はfigure単位となります。たいていの場合はfigureは1つで事足りると思います。

axes

axesとは一般的に軸を指しますが、Matplotlibでは1つのグラフのことだと捉えてください。axと略すことがあります。figureの中に複数のaxesを設定することができます。たいていの場合、グラフの種類に対応したaxesのメソッドに対して、リストやndarrayといったデータのシーケンスを引数に設定します。本書ではこれらのシーケンスを総称して配列と記述します。

━ 描画の基本フロー

使う人や用途によって利用フローや考え方はさまざまですが、使い始めのうちは以下のフローで記述すると理解しやすいかと思います。

▶ 1. figureを生成する
▶ 2. 生成したfigureにaxesを生成、配置する
▶ 3. axesに描画データやグラフの情報を設定する
▶ 4. 表示したり画像として保存したりする

━ グラフ描画例

単一のグラフ描画

以下のコードでは、1つのfigureに1つのaxesを設定してグラフを描画しています。

■ recipe_289_01.py

```python
import matplotlib.pyplot as plt

# 1. figureを生成する
fig = plt.figure()

# 2. 生成したfigureにaxesを生成、配置する
ax1 = fig.add_subplot(1, 1, 1)

# 3. axesに描画データを設定する
X = [0, 1, 2]
Y = [0, 1, 2]
ax1.plot(X, Y)

# 4. 表示する
plt.show()
```

Chap **23** Matplotlib

▼ 実行結果

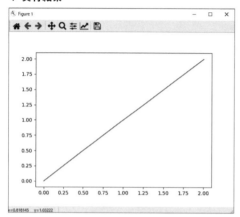

1つのfigure、つまりウィンドウに1つのaxes、つまりグラフが描画されました。

複数のグラフの描画

以下のコードでは、1つのfigureに6つのaxesを描画しています。

■ recipe_289_02.py

```python
import matplotlib.pyplot as plt

# figureを生成する
fig = plt.figure()

# 2x3の1番目
ax1 = fig.add_subplot(2, 3, 1)
ax1.set_title('1')   # グラフタイトル
# 2x3の2番目
ax2 = fig.add_subplot(2, 3, 2)
ax2.set_title('2')   # グラフタイトル
# 2x3の3番目
ax3 = fig.add_subplot(2, 3, 3)
```

```
ax3.set_title('3')   # グラフタイトル
# 2x3の4番目
ax4 = fig.add_subplot(2, 3, 4)
ax4.set_title('4')   # グラフタイトル
# 2x3の5番目
ax5 = fig.add_subplot(2, 3, 5)
ax5.set_title('5')   # グラフタイトル
# 2x3の6番目
ax6 = fig.add_subplot(2, 3, 6)
ax6.set_title('6')   # グラフタイトル

# 表示する
plt.show()
```

▼ 実行結果

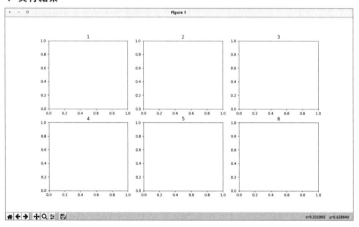

　2行×3列のグラフが描画されます。分析業務では複数のグラフを並べて観察することが多いため、便利な機能と言えます。

290 グラフの汎用要素を設定したい

Syntax

メソッド	動作
`ax.set_title("グラフタイトル")`	グラフタイトルを設定
`ax.grid(True)`	グリッドON
`ax.set_xlim(left=x0, right=x1)`	X軸の範囲を設定
`ax.set_ylim(bottom=y0, top=y1)`	Y軸の範囲を設定
`ax.set_xlabel("ラベル名")`	X軸のラベルを設定
`ax.set_ylabel("ラベル名")`	Y軸のラベルを設定
`ax.legend(説明テキストリスト)`	グラフの凡例を設定

※axはaxesオブジェクトを指します

■ グラフの汎用要素

グラフやチャートには散布図、棒グラフ、円グラフ等、さまざまな種類があります。これらのグラフは目的に応じて異なる形状をしていますが、一方で種類によらず共通する要素も多々あります。例えば以下のようなものが挙げられます。

▶ グラフのタイトル　　▶ X軸、Y軸の範囲　　▶ 凡例
▶ グリッド　　　　　　▶ X軸、Y軸のラベル

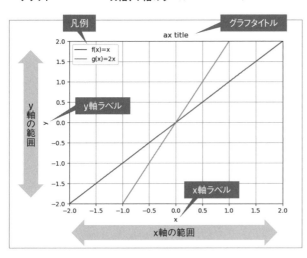

こういった要素については、Matplotlibではaxesオブジェクトに対して設定を行います。
以下のサンプルを実行すると前ページのグラフが描画されます。

■ recipe_290_01.py

```python
import matplotlib.pyplot as plt

# figureを生成
fig1 = plt.figure()

# グラフ描画設定
ax = fig1.add_subplot(1, 1, 1)
x1 = [-2, 0, 2]
y1 = [-2, 0, 2]
ax.plot(x1, y1)

x2 = [-2, 0, 2]
y2 = [-4, 0, 4]
ax.plot(x2, y2)

ax.grid(True)   # grid表示ON
ax.set_xlim(left=-2, right=2)   # x範囲
ax.set_ylim(bottom=-2, top=2)   # y範囲
ax.set_xlabel('x')   # x軸ラベル
ax.set_ylabel('y')   # y軸ラベル
ax.set_title('ax title')   # グラフタイトル
ax.legend(['f(x)=x', 'g(x)=2x'])   # 凡例を表示
plt.show()
```

291 散布図を作成したい

● メソッド

```
ax.scatter(x, y, その他オプションパラメータ)
```

※axはaxesオブジェクトを指します

● 代表的なパラメータ

パラメータ	説明
x	X座標データ配列
y	Y座標データ配列
s	マーカーサイズ
c	マーカーの色
marker	マーカーの形
alpha	マーカーの透明度（0〜1を指定、0：完全透明、1：不透明）
linewidths	マーカーのエッジ線の太さ
edgecolors	マーカーのエッジ線の色

▬ 散布図

　Matplotlibで散布図を描画する場合、axes.scatterを使用します。引数でマーカーサイズ、色、形などを指定することが可能です。色は16進数カラーコード以外に、CSSのカラーネームを使用することもできます。また、利用できるマーカーとして以下が挙げられますが、他にもここでは紹介しきれないほどさまざまなマーカーが使用できます。詳しくは公式ドキュメントを参照してください。

記号	マーカーの形
.	点
o	円
★	星印
+	＋
x	×
D	ひし形

以下のコードでは、NumPyでランダムな点の配列をX、Yごとに生成し、散布図としてプロットしています。

■ recipe_291_01.py

```
from matplotlib import pyplot as plt
import numpy as np

# ランダムな点を生成する
x = np.random.rand(50)
y = np.random.rand(50)

# figureを生成する
fig = plt.figure()

# axをfigureに設定する
ax = fig.add_subplot(1, 1, 1)

# プロットマーカーの大きさ、色、透明度を変更
ax.scatter(x, y, s=300, alpha=0.5, linewidths=2, marker='*',
c='#aaaaFF', edgecolors='blue')
plt.show()
```

▼ 実行結果

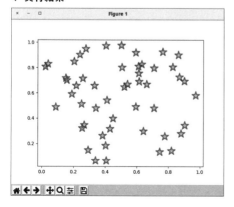

292 棒グラフを作成したい

Syntax

● メソッド

```
ax.bar(x, height, その他オプションパラメータ)
```

※axはaxesオブジェクトを指します

● 代表的なパラメータ

パラメータ	説明
x	X座標データ配列
height	棒の高さのデータ配列
width	棒の幅を数値で指定。デフォルトは0.8
bottom	棒の下側の位置を数値で指定。デフォルトは0
color	棒の色を16進数カラーコードで指定
edgecolor	棒の枠線の色を16進数カラーコードで指定
linewidth	棒の枠線の太さを数値で指定
tick_label	横軸のラベル
align	棒の位置"edge"、"center"のどちらかを指定。デフォルトは"center"

━ 棒グラフ

Matplotlibで棒グラフを描画する場合、axes.barを使用します。引数で幅、ラベル、色、などを指定することが可能です。以下のコードでは、A～Eの各値に対して棒グラフを描画しています。また、linewidth、edgecolorでグラフの枠線の太さと色を指定しています。

■ recipe_292_01.py

```
import matplotlib.pyplot as plt

# ラベル
label = ['A', 'B', 'C', 'D', 'E']
```

```
# 対象データ
x = [1, 2, 3, 4, 5]  # 横軸
height = [3, 5, 1, 2, 3]  # 値

# figureを生成する
fig = plt.figure()

# axをfigureに設定する
ax = fig.add_subplot(1, 1, 1)

# axesに棒グラフを設定する
ax.bar(x, height, label=label, linewidth=1, edgecolor="#000000")
# 表示する
plt.show()
```

▼ 実行結果

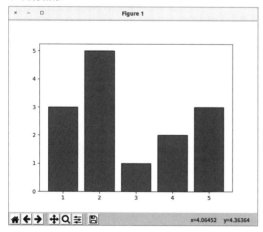

293　折れ線グラフを作成したい

Syntax

● メソッド

```
ax.plot(x, y, その他オプションパラメータ)
```

※axはaxesオブジェクトを指します

● 代表的なパラメータ

パラメータ	説明
x	X座標データ配列
y	Y座標データ配列
fmt	線の種類（※位置引数）
c	線の色
linewidth	線の太さ
alpha	透明度（0〜1を指定、0：完全透明、1：不透明）
marker	マーカーの形

━ 折れ線グラフ

　Matplotlibで折れ線グラフを描画する場合、axes.plotを使用します。引数で線の種類、色、太さ、マーカーの種類などを指定することが可能です。線の種類は右表を指定することができます。

　なお、マーカーの種類は散布図と同様なので省略します。

記号	意味
-	実線
--	破線
-.	点＋破線
:	点線

■ recipe_293_01.py

```
import matplotlib.pyplot as plt

# 対象データ
x = [1, 2, 3, 4, 5]
```

```
                              ⟩⟩
y1 = [100, 300, 200, 500, 0]
y2 = [150, 350, 250, 550, 50]
y3 = [200, 400, 300, 600, 100]
y4 = [250, 450, 350, 650, 150]

# figureを生成する
fig = plt.figure()

# axをfigureに設定する
ax = fig.add_subplot(1, 1, 1)

# axesにplot
ax.plot(x, y1, "-", c="#ff0000", linewidth=1, marker='*', alpha=1)
ax.plot(x, y2, "--", c="#00ff00", linewidth=2, marker='o',       ⮐
alpha=0.5)
ax.plot(x, y3, "-.", c="#0000ff", linewidth=4, marker='D',       ⮐
alpha=0.5)
ax.plot(x, y4, ":", c="#ff00ff", linewidth=4, marker='x',        ⮐
alpha=0.5)

# 表示する
plt.show()
```

▼ 実行結果

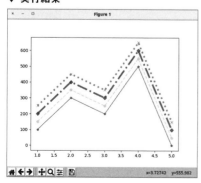

294 関数のグラフを作成したい

■ NumPyによる配列生成と関数のグラフ

NumPyのlinspaceを使用すると、指定区間内で十分に要素数が多い関数のndarrayを生成することができます。また、ndarrayはユニバーサル関数で要素全体に関数を作用させることができるため、ax.plotと併せて使用すると滑らかなグラフを描画することが可能となります。

以下のコードでは、閉区間 [0, 5] を100で分割した区間ごとの三角関数と二次関数のグラフを描画しています。

■ recipe_294_01.py

```python
import matplotlib.pyplot as plt
import numpy as np

# 対象データ
x = np.linspace(0, 5, 100)    # x軸の値
y1 = x ** 2
y2 = np.sin(x)

# figureを生成する
fig = plt.figure()

# axをfigureに設定する
ax = fig.add_subplot(1, 1, 1)

# axesにplot
ax.plot(x, y1, "-")
ax.plot(x, y2, "-")

# 表示する
plt.show()
```

▼ 実行結果

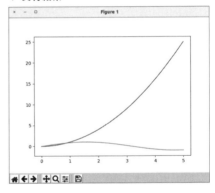

295 円グラフを作成したい

Syntax

● メソッド

```
ax.pie(x, その他オプションパラメータ)
```

※axはaxesオブジェクトを指します

● 代表的なパラメータ

パラメータ	説明
x	データ配列
labels	各要素のラベルの配列
colors	各要素の色の配列
counterclock	True：反時計回り、False：時計回り（デフォルト値：True）
startangle	開始角度（デフォルト値はNoneで3時の方向から開始）

▬ 円グラフ

Matplotlibで円グラフを描画する場合、axes.pieを使用します。引数で線の種類、色、太さ、マーカーの種類などを指定することが可能です。デフォルトパラメータが少し特殊で、パラメータを指定しない場合、円グラフの開始が3時の方向から半時計回りで描画されます。このため、12時の方向から時計回りにしたい場合、counterclockとstartangleの指定が必要です。また、環境次第で円が押しつぶされるため、ax.axis('equal')を指定します。以下のサンプルでは、A〜Eのデータの円グラフを描画しています。

■ recipe_295_01.py

```python
import matplotlib.pyplot as plt

# 対象データ
label = ["A", "B", "C", "D", "E"]
x = [40, 30, 15, 10, 5]

# figureを生成する
fig = plt.figure()
```

```
# axをfigureに設定する
ax = fig.add_subplot(1, 1, 1)

# axesにplot
ax.pie(x, labels=label, counterclock=False, startangle=90)

# 表示補正
ax.axis('equal')

# 表示する
plt.show()
```

▼ 実行結果

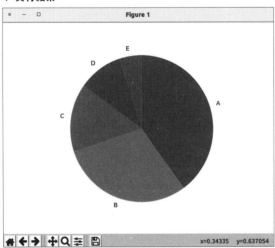

296 ヒストグラムを作成したい

● メソッド

```
ax.hist(x, その他オプションパラメータ)
```

※axはaxesオブジェクトを指します

● 代表的なパラメータ

パラメータ	説明
x	データ配列
bins	階級数 or 階級リスト or 階級の分割方式
density	Trueの場合、ヒストグラムの面積が1となるように調整
color	色を16進数カラーコードで指定
ec	境界色を16進数カラーコードで指定
alpha	透明度 (0〜1を指定、0:完全透明、1:不透明)

ヒストグラム

　Matplotlibでヒストグラムを描画する場合、axes.histを使用します。パラメータで階級数や色を指定することが可能です。

　引数binsは少し変わった引数で、引数の型が何種類かあります。整数を指定するとその数の分の区間に分割します。一方で配列を指定するとその配列の階級となります。また、後述のスタージェスの公式で自動的に階級分けすることもできます。

　以下のサンプルでは、要素数1000個、平均0、標準偏差10の正規分布の乱数の配列を生成し、ヒストグラムで可視化しています。

■ recipe_296_01.py

```
import matplotlib.pyplot as plt
import numpy as np

# 対象データ
x = np.random.normal(0, 10, 1000)
```

〳〵

```
# figureを生成する
fig = plt.figure()

# axをfigureに設定する
ax = fig.add_subplot(1, 1, 1)

# axesにplot
ax.hist(x, bins=10, color="#00AAFF", ec="#0000FF", alpha=0.5)

# 表示する
plt.show()
```

▼ 実行結果

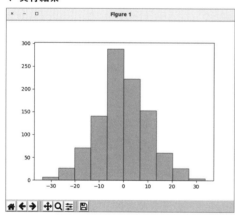

■ 階級数の自動設定

　階級の数は分析者が任意に定めることができるため、どのくらいの階級幅にするのか悩ましい場合があります。目安となる公式として、スタージェスの公式とフリードマン＝ダイアコニスの法則の公式が挙げられます。histの引数でbins='auto'を指定すると、スタージェスの公式とフリードマン＝ダイアコニスの法則の公式の計算結果のうち、階級数の大きいほうが自動で設定されます。

デスクトップ操作の
自動化

Chapter

24

297 デスクトップ操作を自動化したい

Syntax

● インストール

```
pip install pyautogui
```

● インポート

```
import pyautogui
```

> ※ 注意1：処理が予期せず中断すると、最悪再起動しないとパソコンの操作ができなく
>   なる場合があります。十分に注意してコードを組んでください
> ※ 注意2：市販のアプリケーションの操作の自動化等に利用できますが、規約等に抵
>   触しないことを確認して使ってください

▬ デスクトップ操作の自動化

pyautoguiというライブラリを使用すると、Pythonで以下のようなデスクトップ操作を行うことができます。

▶ **キーボード入力**
▶ **マウス操作**
▶ **スクリーンショットの取得**

なお、macOSで実行する場合、Pythonを実行するターミナル等のアプリケーションにMacへのアクセス権を付与する必要があります。例えば、macOS 10.15 Catalinaでターミナルから実行する場合、システム環境設定 > セキュリティとプライバシー > プライバシー > アクセシビリティで、[+]ボタンからターミナルを許可対象に追加します。

また、Linuxの場合は追加でいくつかのライブラリが必要になる場合があります。例えばDebian系の場合は、以下のインストールが必要となります。

```
sudo apt-get install scrot
sudo apt-get install python3-tk
sudo apt-get install python3-dev
```

▪ FAIL SAFEの使用

冒頭の注意点の通り、自動操作には危険を伴います。対策としてコードに以下を記述すると、実行中にマウスポインタを座標 (0, 0)、つまり左上に移動すると強制停止することができるようになります。

```
pyautogui.FAILSAFE = True
```

298 画面の情報を取得したい

関数	処理と戻り値
pyautogui.position()	現在のマウスの座標情報x、yを持つPointオブジェクト
pyautogui.size()	現在の画面のサイズ情報height、widthを持つSizeオブジェクト
pyautogui.onScreen(x, y)	指定した座標(x, y)が画面内に収まっていればTrue、それ以外はFalse

■ 画面情報の取得

pyautoguiを使用すると、画面情報を取得することが可能です。以下のコードでは、マウスポインタの位置および、画面サイズを取得してprint出力しています。

■ recipe_298_01.py

```python
import pyautogui

# マウスポインタの位置
mouse_pos = pyautogui.position()
print(mouse_pos.x, mouse_pos.y)

# 画面サイズ
disp_size = pyautogui.size()
print(disp_size.height, disp_size.width)
```

299 マウスポインタを移動させたい

関数	処理
pyautogui.moveTo(x, y, オプション)	マウスポインタを指定した座標 (x, y) に移動
pyautogui.moveRel(x, y, オプション)	マウスポインタを現在の座標からの相対座標 (x, y) に移動
pyautogui.dragTo(x, y, オプション)	マウスポインタを指定した座標 (x, y) にドラッグ
pyautogui.dragRel(x, y, オプション)	マウスポインタを現在の座標からの相対座標 (x, y) にドラッグ

▶ オプションパラメータ

パラメータ	意味
duration	指定した秒数分時間をかける

■ マウスポインタの移動

pyautoguiには各種マウスポインタの移動処理が用意されています。以下のコードでは、マウスポインタを (100, 100) に移動させてから相対的に (150, 150) まで5秒かけて移動させています。

■ recipe_299_01.py

```python
import pyautogui
pyautogui.FAILSAFE = True

# (100, 100) に移動
pyautogui.moveTo(100, 100)

# ゆっくり (150, 150) 分移動
pyautogui.moveRel(150, 150, duration=5)
```

実行すると、マウスが自動で操作されることが確認できます。

Chap 24 デスクトップ操作の自動化

300 マウスをクリックさせたい

関数	処理
pyautogui.click(オプション)	マウスをクリック

▶ オプションパラメータ

パラメータ	意味
x	クリックさせるx座標
y	クリックさせるy座標
clicks	指定した回数クリックさせる
interval	指定した秒数クリックの間隔を空ける
button	マウスボタンを文字列で指定（'left', 'middle', 'right'）

■ マウスのクリック

pyautoguiのclick関数を使用すると、マウスクリックを実行することが可能です。オプションパラメータをすべて省略すると、現在の位置で左クリックされます。以下のコードでは、マウスポインタを座標（100, 100）で右クリックさせています。

■ recipe_300_01.py

```python
import pyautogui
pyautogui.FAILSAFE = True

# (100, 100) でクリック
pyautogui.click(100, 100, button='right')
```

301 キーボード入力させたい

● キー入力

関数	処理
pyautogui.typewrite(文字列)	指定した文字列をキー入力
pyautogui.typewrite(キーのリスト)	指定したキーをキー入力

▶ オプションパラメータ

パラメータ	意味
interval	指定した秒、入力の間隔を空ける

● キーの押下とリリース

関数	処理
pyautogui.keyDown(キー)	指定したキーをキーを押下する
pyautogui.keyUp(キー)	指定したキーをリリースする

● 同時入力

関数	処理
pyautogui.hotkey(キー1, キー2, ……)	指定したキーをキーを同時に入力

▶ 指定できるキーのリスト

```
pyautogui.KEYBOARD_KEYS
```

■ キーボード入力

pyautoguiには、キーボード操作を自動化するさまざまな関数が用意されています。以下のコードでは、ABCを1秒間隔で入力後、Enterキーを入力しています。

■ recipe_301_01.py

```python
import pyautogui
pyautogui.FAILSAFE = True

# abc入力後に [Enter]
pyautogui.typewrite(["a", "b", "c", "return"], interval=1)
```

また、押下とリリースを分けたり同時入力も可能です。以下は Shift キーを押下した状態で、カーソルを右に3つ移動させ Ctrl ＋ C を入力しています。

■ **recipe_301_02.py**

```python
import pyautogui
pyautogui.FAILSAFE = True

# shift + 右カーソル3回
pyautogui.keyDown("shift")
pyautogui.typewrite(["right"] * 3, interval=1)
pyautogui.keyUp("shift")

# ctrl + c
pyautogui.hotkey("ctrl", "c")
```

302 スクリーンショットを取得したい

Syntax

● スクリーンショット

関数	処理
pyautogui.screenshot("保存先パス")	スクリーンショットを取得後、指定したパスに画像を保存し、Pillowの画像オブジェクトを返す。保存先パスの指定は任意で、指定がない場合は保存処理は実行されない

━ スクリーンショットの取得

　pyautoguiにはスクリーンショットを取得する機能があります。デスクトップ操作自動化の際は、デバッグ用に処理の合間でスクリーンショットを取得することをおすすめします。

　以下のコードではスクリーンショットを取得し、カレントディレクトリに保存しています。

■ recipe_302_01.py

```python
import pyautogui

pyautogui.screenshot("myimg.png")
```

利用ライブラリ一覧

本書で解説しているライブラリと利用バージョンの一覧です。

ライブラリ	バージョン
beautifulsoup4	4.9.1
chardet	3.0.4
html5lib	1.1
ipython	7.18.1
lxml	4.5.2
matplotlib	3.3.1
mojimoji	0.0.11
mysqlclient	2.0.1
numpy	1.19.1
pandas	1.1.1
Pillow	7.2.0
psycopg2	2.8.5
pyautogui	0.9.50
requests	2.24.0

参考文献一覧

全般 ___

- Python 3.8.5ドキュメント
https://docs.python.org/ja/3/

- 入門 Python 3
https://www.oreilly.co.jp/books/9784873117386/

Chapter 1 ___

- virtualenv in PowerShell?
https://stackoverflow.com/questions/1365081/
virtualenv-in-powershell

Chapter 8 ___

- pep8-ja 1.0ドキュメント
https://pep8-ja.readthedocs.io/ja/latest/

Chapter 9 ___

- Pythonでの読み書きモード (r+/w+/a+) について
https://jade.alt-area.jp/archives/166

Chapter 11 ___

- chardet 3.0.4documentation
https://chardet.readthedocs.io/en/latest/

- mojimoji・PyPI
https://pypi.org/project/mojimoji/

Chapter 15 ___

- MySQLdb 1.2.4b4 documentation
https://mysqlclient.readthedocs.io/

- Psycopg 2.8.6 documentation
https://www.psycopg.org/docs/index.html

Chapter 16 ___

- Requests 2.24.0 documentation
https://requests.readthedocs.io/en/master/

Chapter 17 ___

- Beautiful Soup 4.9.0 documentation
https://www.crummy.com/software/BeautifulSoup/bs4/doc/

- html5lib 1.1 documentation
https://html5lib.readthedocs.io/en/stable/

- lxml - Processing XML and HTML with Python
https://lxml.de/

Chapter 18 ___

- Pillow (PIL Fork) 7.2.0 documentation
https://pillow.readthedocs.io/en/stable/

- macOSのフォントの保存場所はどこですか?
https://www.too.com/support/faq/font/23473.html

- Windows 10にフォントを追加インストールする方法と注意点
https://www.atmarkit.co.jp/ait/articles/1901/31/news053.html

Chapter 19 ___

- Anaconda Individual Edition
https://docs.anaconda.com/anaconda/

- Conda documentation
https://conda.io/en/latest/

Chapter 20 ___

- IPython Documentation
https://ipython.readthedocs.io/en/stable/interactive/
magics.html

Chapter 21 ___

- NumPy v1.19 Manual
https://numpy.org/doc/stable/

Chapter 22 ___

- pandas documentation
https://pandas.pydata.org/docs/

Chapter 23 ___

- Matplotlib 3.3.1 documentation
https://matplotlib.org/

Chapter 24 ___

- PyAutoGUI documentation
https://pyautogui.readthedocs.io/en/latest/index.html

INDEX

さ行

著者紹介

黒住敬之
くろずみたかゆき

信州大学大学院工学系研究科修了（位相幾何
学専攻）。大学院卒業後、都内のSIerに勤務、
業務システムの開発を行う。現在はEC企業の研
究開発部に所属、Pythonを使用したシステム開
発並びにデータ分析業務に従事。また、個人で
もシステム開発やデータ分析業務等を受託。アイ
ティーアールディーラボ代表。

アートディレクション・カバーデザイン	山川香愛 (山川図案室)
カバー写真	川上尚見
スタイリスト	浜田恵子
本文デザイン	原真一朗
レビュー協力	杉野健太郎
執筆協力	寺尾絢華

Pythonコードレシピ集
バイソン　　　　　　　しゅう

2021年 2月5日　初版　第1刷発行

著　者　　黒住 敬之
　　　　　くろずみ たかゆき
発行者　　片岡 巌
発行所　　株式会社技術評論社
　　　　　東京都新宿区市谷左内町21-13
　　　　　電話　03-3513-6150　販売促進部
　　　　　　　　03-3513-6166　書籍編集部
印刷/製本　日経印刷株式会社

定価はカバーに表示してあります
本書の一部または全部を著作権法の定める範囲を超え、無断で複写、
複製、転載、テープ化、ファイルに落とすことを禁じます。

©2021　黒住敬之

造本には細心の注意を払っておりますが、万一、乱丁（ページの乱れ）
や落丁（ページの抜け）がございましたら、小社販売促進部までお送り
ください。送料小社負担にてお取り替えいたします。

ISBN978-4-297-11861-7　C3055
Printed in Japan

お問い合わせに関しまして

本書に関するご質問については、本書に記載されて
いる内容に関するもののみとさせていただきます。本
書の内容を超えるものや、本書の内容と関係のな
いご質問につきましては、一切お答えできませんの
で、あらかじめご了承ください。また、電話でのご質
問は受け付けておりませんので、ウェブの質問フォー
ムにてお送りください。FAXまたは書面でも受け付け
ております。
本書に掲載されている内容に関して、各種の変更な
どの開発・カスタマイズは必ずご自身で行ってくださ
い。弊社および著者は、開発・カスタマイズは代行
いたしません。
ご質問の際に記載いただいた個人情報は、質問の
返答以外の目的には使用いたしません。また、質問
の返答後は速やかに削除させていただきます。

質問フォームのURL

https://gihyo.jp/book/2021/978-4-297-11861-7
※本書内容の訂正・補足についても上記URLにて行いま
す。あわせてご活用ください。

FAXまたは書面の宛先

〒162-0846
東京都新宿区市谷左内町21-13
株式会社技術評論社　書籍編集部
「Pythonコードレシピ集」係
FAX:03-3513-6183